KB195278

가장 힛한 여행

—

버킷리스트

온천

새우와 고래가 함께 숨 쉬는 바다

가장 핫한 여행 - **버킷리스트 온천**

지은이 | 고욱성
펴낸이 | 황인원
펴낸곳 | 도서출판 창해

신고번호 | 제2019-000317호

초판 인쇄 | 2025년 02월 17일
초판 발행 | 2025년 02월 24일

우편번호 | 04037
주소 | 서울특별시 마포구 양화로 59, 601호(서교동)
전화 | (02)322-3333(代)
팩시밀리 | (02)333-5678
E-mail | dachawon@daum.net

ISBN 979-11-7174-032-1 (03980)

값 ·17,000원

Publishing Club 다차원
창해·다차원북스·나마스테

가장 핫한 여행

—

버킷리스트 온천

고욱성 지음

머리말

고대 그리스 철학자 탈레스는 "만물의 근원은 물"이라고 하였다. 탈레스는 왜 만물의 근원을 물이라고 말하였을까? 아마도 모든 생물은 물을 떠나서는 살 수 없기 때문일 것이다. 물이 없다면 동물이든 식물이든 모든 생명체는 살아갈 수 없다. 우리의 몸은 약 70%가 물로 이루어져 있다. 사람이 형성되는 최초의 시기인 수정란 때에는 99%가 물이다. 막 태어났을 때는 90%, 완전히 성장하면 70%, 그리고 죽을 때에는 약 50% 정도가 물이다. 사람은 태어나서부터 죽을 때까지 물 상태로 살아간다. 그만큼 물은 우리에게 없어서는 안 될 필수적인 요소이다.

그럼 우리 몸에 있는 물이 아무런 물이라도 괜찮을까? 건강하고 행복한 삶을 살아가려면 우리 몸을 이루고 있는 물이 깨끗해야 하지 않을까? 흐르는 물도 웅덩이에 오래 고여 있거나 댐 속에 가두어지게 되면 녹조현상이 생기고 썩기도 한다. 물은 흐를 때 깨끗해 질 수 있다. 우리 몸속에 있는 물도 마찬가지다. 우리 몸속의 물이 고여 있으면 죽음이 다가온다. 혈액의 흐름이 느려지고 멈추고 혈관이 막히면 목숨도 위험하다. 따라서 우리 몸속의 좋지 않은 물질들을 배출해주고, 혈관속 피가 힘차게 돌아가게 하고, 신선한 물을 몸속에 공급해줌으로써 우리는 건강해 질 수 있다.

나는 목욕을 좋아한다. 특히 온천 목욕을 좋아한다. 그러다 보니 출장이든 여행이든 어느 고장을 방문할 때면 그 주변에 온천이 있는지 확인하고 온천이 있다면 반드시 몸 담그기를 주저하지 않는다. 물론 온천이 없다면 숙박지 주변의 일반 목욕탕을 찾아놓고 새벽이나 여유 시간에 이용한다.

듣기 좋으라고 하는 말인지 모르지만 목욕을 자주 하다 보니 얼굴 피부가 좋다는 말을 자주 듣는다. 실제로 목욕을 하고 나면 특히 온천물에 몸을 담그고 나오면 피부가 매끌매끌함을 느낀다. 이렇게 피부가 부드럽게 되고 윤택이 나는 것은 과학적인 근거가 있다고 생각된다. 뜨거운 목욕탕에 몸을 담그면 보이진 않지만 땀구멍이 열리고 땀구멍 속 끼여 있던 노폐물이 빠져나온다. 얼굴이나 몸의 피부에 검은 점이나 잡티가 자리잡을 수가 없고 얼굴이 맑아 보이는 까닭이다. 거기에다 목욕을 하면 냉온탕 등을 통하여 혈액순환에도 도움을 주기 때문에 얼굴이 좋아 보이는 것은 당연하다. 또한 몸과 정신이 긴장을 풀고 휴식을 취할 수 있으므로 온천을 비롯한 목욕은 건강에 좋지 않을 수 없다.

온천이나 목욕을 하러 갔을 때 따끈한 욕탕에 몸을 담그면 기분이 좋다. 어머니의 태내(胎內) 양수 속에 있었을 때가 이런 기분이 아닐까 싶다. 몸도 마음도 긴장이 풀어지며 몸 구석구석까지 따뜻한 온기가 전해지면서 모든 피로가 풀어진다. 이를 탕치(湯治)라 한다. 약탕에 몸을 담그는 한의학요법으로 탕(湯)은 약탕(藥湯), 치(治)는 치료라는 뜻으로 온천에 목욕하여 상처나 병을 고침을 의미한다. 지금처럼 의학이 발달하기 전 온천은 중요한 치료 수단 중의 하나였다.

개인적인 관점에서는 목욕이나 온천의 키워드가 건강과 웰빙이지만 온천을 통한 관광산업 활성화라는 경제적 관점과 국민건강 제고를 통한 사회적 비용 절감 효과 등에 대한 심층적 분석이 필요하다고 생각한다. 한국보다 온천이 크게 발달한 일본의 경우 거의 모든 도시에 온천이 개발되어 있고, 온천체험을 관광코스에 반드시 포함하여 홍보하고 있다. 물론 일본은 화산 등으로 자연 용출 온천이 많은 것은 사실이지만 이를 관광자원화하여 지역관광 활성화에 최대한 활용하고 있는 점은 우리도 주목할 필요가 있다. 또한 여러 가지 이유가 있겠지만 온천이 생활화되어 있다 보니 일본은 세계 최고 장수 국가 중의 하나로 꼽힌다.

한국에서는 많은 분들이 온천이나 목욕탕, 사우나 사업을 사양산업이라고 말하고 있다. 아파트문화가 발달한 한국은 아파트 내 화장실에 샤워, 욕조시설 등을 갖추고 있어 씻기 위하여 굳이 목욕이나 온천을 가지 않아도 되고, 또한 젊은 층들은 대중목욕시설에 가기를 꺼리기 때문이라고 근거를 말하고 있다. 하지만 나는 많은 분들이 아직 다양한 온천을 경험하지 않았거나 한국의 많은 온천시설들이 노후된 곳이 많기 때문에 이에 대한 고정관념에서 비롯된 생각이 아닐까 생각한다. 예를 들면 아무리 맛있고 좋은 음식도 깨진 그릇이나 낡은 접시에 담겨 있으면 아주 좋은 맛을 느끼는 정도가 반감되는 것과 같은 이치인 것이다. 그런 의미에서 한국의 온천산업도 재평가와 함께 큰 변화와 투자가 필요한 시점이다.

이 책에서는 먼저 한국의 대표 온천 중 내가 경험한 곳을 중심으로 목욕을 해 본 느낌, 그리고 해당 온천시설을 사진과 함께 소개하였다. 다만, 온천시설 내부 사진은 허가를 받지 않고는 함부로 촬영할 수 없으므로 해당 온천 누리집이나 지자체에서 제공하는 자료를 활용하였으며, 온천수를 사용하는 종합물놀이장의 경우에는 대중탕 위주로 소개하였다. 그럼에도 불구하고 아쉽지만 시간상의 이유로 이 책에서 소개하지 못한 좋은 온천이 많이 있다. 이 책에서 소개하지 않았다고 해서 좋은 온천이 아니라는 생각은 없었으면 좋겠다.

다음으로 온천과 목욕에 관련된 이야기를 풀어 보았다. 그동안 신문, 잡지, 책 등에서 수집해 온 자료를 중심으로 온천에 대한 상식, 건강에 도움이 되는 목욕법 등에 대하여 소개하면서 나의 경험 등도 정리하였다.

끝으로 온천을 소재로 하여 관광산업에 성공한 도시들을 예를 들어 소개하고, 온천목욕산업이 단순히 건강이나 보건 차원이 아니라 관광산업

측면에서도 얼마나 중요하며 어떻게 접목하여야 하는지 조사하고 의견을 제시하고 싶었으나, 이러한 사안들을 개인이 단편적으로 조사하고 의견을 피력한다면 논리상 문제가 될 수도 있고, 오해를 불러올 수도 있어 국가나 지방자치단체가 정책적으로 연구하여야 할 분야가 아닌가 하여 이 책에서는 생략하였다.

그동안 전국 온천지역을 다니면서 온천을 경험하고, 사진을 찍으며 메모하고 자료를 정리하는데 몇 년의 시간이 흐른 것 같다. 아직 가 보지 못한 온천지역도 많다. 이들 지역도 직접 방문하여 체험한 뒤 포함시켜야 되겠다는 욕심 때문에 망설이며 몇 년의 시간을 보냈다. 미완성이지만 이제 모든 것을 뒤로 하고 마무리하여야 할 때인 것 같다. 가장 핫한 여행을 떠나 한국온천의 버킷리스트를 하나씩 지워 나가야 할 시간이다.

이 책이 나오기까지 나와 함께 자주 온천여행을 함께 해 준 아내와 가족, 친구, 그리고 수고해 주신 모든 분들께 감사드린다.

2025년 2월

고욱성

차 례

2. 온천과 목욕 이야기

01

죽기 전 가 봐야 할 **한국의 온천**

죽기 전에 꼭 해볼 일들

– 데인 셔우드

혼자 갑자기 여행을 떠난다.

누군가에게 살아 있을 이유를 준다.

악어 입을 두 손으로 벌려 본다.

2인용 자전거를 탄다.

인도 갠지스 강에서 목욕한다.

나무 한 그루를 심는다.

누군가의 발을 씻어 준다.

달빛 비치는 들판에서 벌거벗고 누워 있는다.

소가 송아지를 낳는 장면을 구경한다.

지하철에서 낯선 사람에게 미소를 보낸다.

특별한 이유 없이 한 사람에게 열 장의 엽서를 보낸다.

다른 사람이 이기게 해준다.

아무 날도 아닌데 아무 이유없이 친구에게 꽃을 보낸다.

결혼식에서 축가를 부른다.

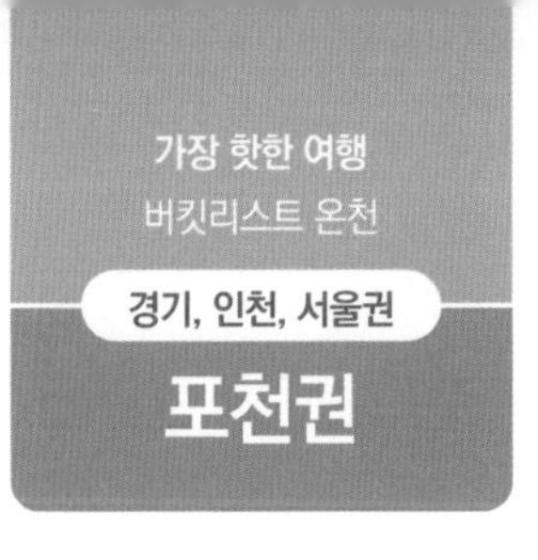

포천시는 동두천시, 연천군, 가평군 등에 둘러싸여 있는 도시로서 경기 북부에 위치하고 있기 때문에 지형적으로 산이 많고 군사도시의 이미지가 강한 편이다. 포천에는 포천신북리조트 스프링폴온천, 한화리조트 산정호수온천 등의 온천이 있다. 거의 모두 가 보았지만 나는 포천신북리조트 스프링폴온천을 추천하고 싶다.

1994년 개장하여 2000년 초반까지는 일반목욕탕 수준의 시설로 운영하였는데, 그때만해도 온천 목욕객들이 너무 많이 와서 옷장이 부족하고 욕탕 안도 손님들로 지나치게 복잡하였다. 특히 토, 일요일, 공휴일에는 손님이 너무 많아, 줄서서 기다리다가 한 명의 손님이 나오면 그 옷장키를 인계받아 한 명씩 들어갈 정도로 복잡하였다. 그러다가 2004년 확장공사를 하여 가족형 온천리조트로 운영하다 한동안 폐장하였다가 지금은 온천을 겸한 종합물놀이장으로 운영되고 있다.

포천시 신북온천 스프링폴 전경

온천 목욕장의 실내로 들어서면 가운데에 열탕과 온탕이 타원 형태로 붙어 있고, 정면 벽쪽으로 테마탕, 왼편 벽쪽으로 물폭포 안마온탕, 물폭포 안마냉탕, 공기안마온탕 등이 있다. 열탕과 온탕 옆으로는 족욕탕이 설치되어 있고, 실내 왼편에는 숯과 옥으로 조성된 사우나실이 2개 있다. 실내의 오른편으로는 공동 샤워시설과 개별 세신석 등이 다수 설치되어 있다. 천장은 사각형 돔 형태의 유리로 되어 있어 채광효과가 뛰어나며 햇빛 등 자연광을 탕 내에서도 맞을 수 있어 기분이 상쾌하다.

그리고 노천탕은 팔각 모양과 원형 모양의 온탕 2개가 있고, 직사각형 모양의 냉탕도 갖추어져 있다. 특히 노천탕으로 나가면 눈앞에 바로 종현

산이 펼쳐지는데 특히 추운 겨울철 따뜻한 노천 온탕 안에서 바라보는 눈 덮힌 산은 감히 절경이라 할 수 있다. 성철 스님께서 "물은 물이요, 산은 산이로다"라고 하신 깊은 철학을 느낄 만하다.

온천수의 특징은 종현산(570m) 아래 지하 600m에서 용출되며 알칼리성 중탄산나트륨천으로 유황천보다 매끄럽다. 온천수는 비누를 풀어놓은 것이 아닌지 착각할 정도이다. 칼륨, 아연, 염소, 황산이온, 규산, 탄산, 불소 등이 함유되어 있어 미네랄이 풍부한 것으로 알려져 있다.

온천탕 이외에도 물놀이 종합리조트이므로 실내수영장과 물놀이시설 등을 즐길 수 있고, 여름철이면 야외수영장도 운영한다. 가까운 주변에는 계곡이 발달하여 시원한 물소리를 들을 수 있고, 유명한 포천이동갈비, 이동막걸리 등이 있어 먹거리도 풍부한 편이다.

산정호수온천

포천 한화리조트 내 산정호수온천 전경

포천 한화리조트 산정호수온천은 '한화리조트 산정호수 안시' 내 지하 1층에 자리잡고 있다. 산정호수 입구 한화리조트를 개장하면서 함께 조성한 온천시설이다. 산정호수 온천은 1996년 지하 700m 지점에서 1일 4,750톤에 이르는 온천수를 끌어올리는 데 성공하여 1999년 8월에 이용허가를 획득했다. 온천수는 중탄산나트륨 성분이 포함된 양질의 약알카리성으로 매끌매끌한 것이 특징이다.

온천탕은 크게 4개로 이루어져 있다. 실내에는 열탕, 냉탕, 온탕이 연결하여 위치해 있고, 바깥에 노천탕이 위치해 있으며, 안마를 위한 에어 푸쉬나 이벤트탕 등 특별하게 즐길 거리는 없다. 특별한 게 있다면 일반적으로 모든 목욕탕에 설치되어 있는 냉탕 폭포 물줄기와 바이오 적외선을 방출하는 송지암 바이오사우나를 꼽을 정도이다. 그리고 노천탕은 자연미를 살려 바위 등을 온천탕 내에 설치하여 길게 조성하였는데 지하에 위치하고 있어 노천탕다운 느낌이 덜한 것이 아쉬움으로 남는다. 온천탕 앞쪽으로는 샤워장이 두 칸에 16개가 설치되어 있고, 세신장은 4칸에 36개가 설치되어 있어 온천탕의 규모에 비하여 좌석수가 비교적 많다고 볼 수 있다.

이곳에는 온천욕과 수영을 함께 즐길 수 있도록 수영장과 온천탕이 테마식으로 연결되어 있고 수영장 요금으로 온천을 함께 즐길 수 있다. 특히, 4계절 이용이 가능한 수영장은 야외 전망이 열려 있는 1층에 위치해 더욱 신선감이 있다. 주변에 산정호수와 함께 억새풀로 유명한 명성산이 있어 즐길거리가 많은 편이다.

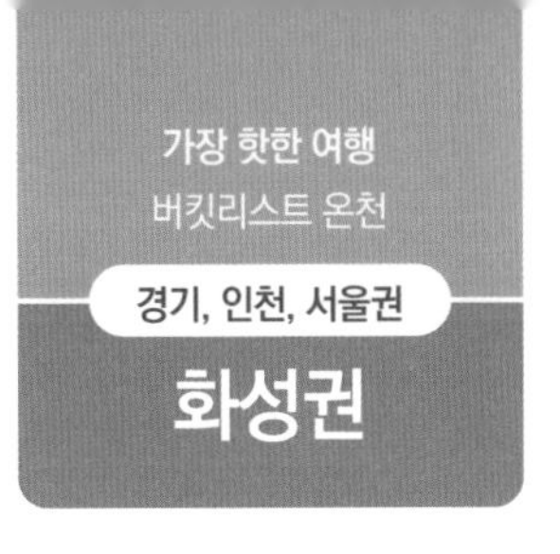

현재 율암온천이 위치한 경기도 화성시 팔탄면 율암리 지역의 뒤편 작은 연못에는 자연용출수가 흘러 내렸고, 한겨울에도 물이 얼지 않았다고 한다. 예전부터 이곳은 물이 따뜻하여 빨래터로 알려져 왔고, 눈병, 피부병, 관절염에 효험이 있다고 하여 목욕도 하고 치료도 하던 곳으로 전해져 왔다.

율암온천은 지질학적으로 광범위한 온천수에 황토와 화강암 지층이 많은 양의 온천수를 저장할 수 있는 지역적 특징을 가지고 있어 온천수 양이 풍부하다. 율암온천수는 지하 700m 암반에서 용출되는 알칼리성 중탄산 나트륨형 수질의 천연온천수로서 수소 이온 농도가 pH 9.46로 알칼리 성분이 높아 매끄러운 편이다.

율암온천 측에 따르면 알칼리 성분 뿐만 아니라 불순물을 완전 제거 정수하였기 때문에 더욱 매끄럽다고 말한다. 율암온천수에는 그 외에도 칼륨, 나트륨, 칼슘, 마그네슘, 리튬, 스트론튬, 염소, 황산, 불소, 중탄산, 탄산, 규산 등이 함유되어 있어 있어 미네럴이 풍부하다고 한다. 실제 용출되는 온천수의 온도는 27.13℃이다.

율암온천은 2000년 7월 개장하였다. 온천장 실내 규모가 아주 넓다. 남탕을 기준으로 실내욕장에 들어서면 한가운데에 지름 5m 가량의 온탕과 지름 4m 가량의 열탕이 함께 원형 모양으로 줄지어 있다. 왼편으로는 사우나(황토, 건조)가 2개 있고, 6m×3m 크기의 냉탕, 한방탕, 3개의 폭포가 있는 폭포탕 등이 있다. 그리고 오른편으로는 공동 샤워시설과 개별 세신석 등이 다수 설치되어 있다. 천장은 사각형 돔 형태의 유리로 되어 있어 채광효과가 뛰어나며 햇빛 등 자연광을 탕 안에서도 맞을 수 있어 상쾌한 기분을 느낄 수 있다.

화성 율암온천 전경

노천탕도 규모가 상당하다. 먼저 왼편으로는 목초액탕이 있다. 6각형 형태의 탕이 있고, 정자형 그늘막이 설치되어 있어 운치가 있다. 목초액은 숯을 제조할 때 나오는 추출액으로서 각종 피부병이나 무좀 등을 치료하는데 쓰이는 것이며, 목초액탕도 이러한 치료에 좋은 것으로 홍보하고 있다. 목초액탕 옆 정면으로는 지름 3~4m 크기의 노천 온탕이 있고, 이어서 노천 냉탕이 조성되어 있다. 노천 냉탕에는 2~3m 높이의 큰 폭포가 있는데 목욕탕 치고는 제법 장엄한 느낌이 있다. 그리고 노천탕의 오른편으로는 넓은 나무 평상이 설치되어 있다. 이곳은 뜨거운 온천이나 사우나를 즐긴 뒤 몸을 식히거나 시원한 바람을 맞으며 풍욕을 즐기는 곳이기도 하다. 이러한 온천욕 뿐만 아니라 숯가마도 이용할 수 있는데 추가 입장료를 지불해야 한다.

율암온천은 최근 기존의 율암온천이 위치한 곳을 기준으로 산쪽 좀 더 높은 곳에 프로방스 율암(provence yulam) hotel & spa를 개장하였다. 이 시설은 실내수영장, 사우나 시설, 호텔 객실, 레스토랑 등을 갖추고 있어 어린이들을 동반한 가족형 물놀이 시설로서 적합하다.

화성시 팔탄면 월문리에 자리잡고 있는 월문온천의 월문(月門)이라는 지명은 달빛이 대문으로 비치는 모습이 마치 물을 비치는 모습과 흡사하여 붙여진 이름이라고 한다. 실제 월문리(月門里) 지하에는 물이 집결하여 흐르는 수맥으로 수량이 풍부하다. 월문온천은 예부터 등고산 암자에 자연용출샘이 나와 피부병과 관절염에 특효가 있어 가까운 주민들이 목욕하고 병을 고쳤다는 구전(口傳)이 있으며, 현재 위치한 온천 주변은 한겨울에도 물이 얼지 않고 파란 풀이 자라는 등의 온천 징후가 있어 왔다고 한다.

화성 월문온천 전경

지질학적으로는 황해도 연백에서부터 온양, 유성온천까지 형성된 온천 수맥에 위치하고 있다. 특히 남양화강암의 발달로 온천수를 저장할 수 있는 대수층이 형성되어 있으며, 지하 700m 암반에서 용출되는 수소 이온 농도(pH) 9.2의 알칼리성 중탄산나트륨 온천수이다. 온천수의 특징은 물이 부드럽고 자극이 적어서 비눗물의 거품이 잘 일며, 피부에 탄력을 주어 매끄럽고 머릿결도 촉촉하고 부드러워지는 특성이 있다. 월문온천 측에 따르면 신경통, 관절염, 알레르기성 피부염, 외상후유증 등에 효능이 있고, 현대인들의 질병인 스트레스, 만성피로, 혈액순환 장애, 만성기관지염, 변비, 신경쇠약, 소화불량에 효과가 있다고 한다.

화성 월문온천 로비

2000년 7월 준공하여 개장하였고, 최근 리모델링 한 뒤 재개장하여 시설이 깨끗하다. 남탕의 경우 온천탕에는 열탕, 냉탕 2개, 아이템탕, 이벤트탕, 노천탕, 폭포수탕 등이 있으며, 사우나는 황토, 숯, 한방안개사우나 등이 있다. 내부는 2층 구조로 되어 있어 천장이 높고 확 트인 모습이다. 온천탕 내에서 2층 계단으로 올라가게 되어 있는데, 2층에는 노천탕, 작은 냉탕, 그리고 사우나 3개가 있다. 거의 모든 온천탕이나 목욕탕이 그렇듯이 월문온천 또한 노천탕이 색다른 경험과 느낌을 준다. 남탕의 경우 내부 계단을 이용하여 2층으로 올라서면 밖으로 나가는 문이 있는데 2층 일부를 옥상으로 활용하여 노천탕을 조성해 놓았다. 노천탕은 크지는 않지만 따뜻한 온천수로 온천탕이 아담하게 조성되어 있고, 자그마한 나무들도 심어져 있으며 경치도 즐길 수 있다.

발안식염온천

화성 발안식염온천 전경

경기도 화성시 장안면 수촌리에 위치하고 있는 발안식염온천은 말 그대로 염분이 있는 온천수이다. 이곳은 서해안 바다와는 상당한 거리의 내륙에 위치하고 있음에도 염분을 띠고 있는 것이 신기하다. 발안식염온천 관계자에 따르면 중생대 지각변동에 의하여 해수와 결합하여 화석해수가 되고 지하에서 수만년 숙성되어 용출된 어머니의 양수와 유사한 온천수라고 한다. 이 온천수는 2007년 4월 한국지질자원연구원의 실험분석결과 구리(Cu), 아연(Zn), 철(Fe), 망간(Mn) 뿐만 아니라, 칼슘, 칼륨, 나트륨, 마그네슘 등 16가지의 각종 물질이 녹아 있어 미네랄이 풍부한 것으로 나타났다.

매표소가 있는 1층 로비를 기준으로 여탕은 1층에 위치하고 있으며, 남탕은 지하 계단으로 내려간다. 남탕을 기준으로 설명하면 탈의실을 지나 온천탕으로 들어서면 '식염수'라고 적힌 샤워시설이 있고, 오른편으로 돌아서면 전체 온천탕이 나타난다. 정면으로 식염수로 된 온탕이 약 4.5m×3.5m 크기로 위치해 있고, 그 옆으로 3.5m×3.5m의 열탕이 위치해 있다. 왼편으로는 천연옥, 수정 사우나실이 2개 있고, 맞은편에는 5~6명 정도 누울 수 있는 원적외선 옥석침상이 있으며, 가장 안쪽으로 냉탕이 위치해 있다.

그리고 온천탕 내 실내 계단으로 올라가면 1층 야외에 노천탕이 조성되어 있는데, 두 개의 욕탕이 조성되어 있다. 아쉽게도 9월 말 경 내가 방문했을 때에는 찬물로만 채워져 있어 따뜻한 노천탕을 즐길 수는 없었다. 시설이 많이 노후화 된 점과 남탕의 경우 지하 1층에 위치하고 있다는 점이 흠이라 할 수 있다.

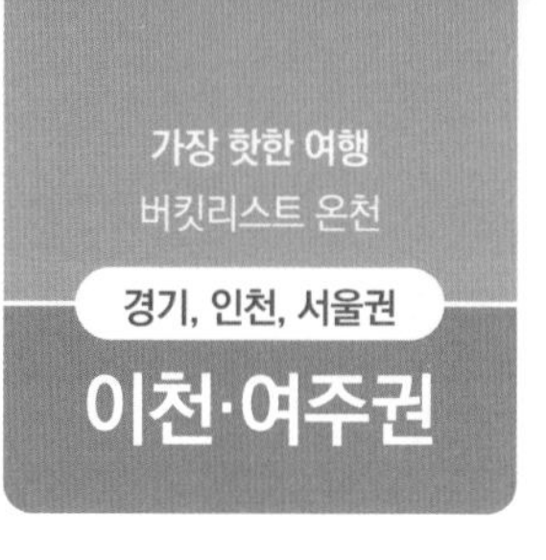

경기도 이천은 서울에서 가까운 조선 왕조 3대 온천 중 하나이다. 왕실의 사람들은 병이 나면 온천행을 했다. 세종대왕도 세조도 가까운 이천의 온천을 자주 찾았다. 동네 근처의 목욕탕만 들어가도 기분이 좋아지는데 몸에 좋은 성분이 잔뜩 든 온천물이야 더할 나위가 없다.

이천 온천수는 나트륨 함량이 많아 각종 피부질환, 신경통, 특히 부인병에 효과가 있다. 이천에서 온천욕을 즐기기 좋은 곳으로는 호텔 미란다의 스파플러스와 바로 옆에 위치한 설봉온천을 들 수 있다. 스파플러스는 대온천탕, 노천탕, 한증막, 황토불가마, 자수정방, 참숯방, 산소옥냉방, 특수석운모방, 투어말린 토굴방 등이 갖추어져 있으며, 종합물놀이장이 있다. 설봉온천도 건물을 새로 지어 깨끗한 편이며 온천수 또한 깨끗하게 공급하고 있다.

경기도 이천은 쌀로 유명하다. 브랜드는 '임금님표 이천쌀'이다. 쌀에 임금님을 모시게 된 계기는 바로 온천이다. 이천은 예로부터 온천물로도 유명했기 때문에 조선시대 세종대왕이나 세조 등의 임금님들이 목욕을 하기 위해 자주 찾던 곳이다. 여기에 착안하여 당시 이천시장이 이천시의 대표적 농산물인 쌀에 '임금님표'라는 브랜드를 붙이고 홍보마케팅에 활용하였다. 반응은 획기적이었다. 쌀의 품질도 좋지만 임금님을 브랜드화 함으로써 국내 최고의 쌀로 평가받게 되었으며, 비싼 값에도 대형마트나 슈퍼마켓 등에서 가장 앞줄에 진열되고 있다. 또한 '임금님표' 이천쌀을 도화선으로 다른 시·군에서도 그 지역에서 생산되는 쌀을 브랜드화하기 시작하였다. 이천에는 쌀 외에도 도자기가 유명하여 이천도자기축제가 해마다 개최되고 있으며 여러 도예 전시장들이 있어 먹거리, 볼거리가 풍부한 편이다.

이천 미란다호텔 전경. 사진 출처 : 이천 미란다호텔 누리집

여주온천
(삿갓봉온천)

여주 여주온천 전경

삿갓봉 꼭대기에 위치한 여주의 유명한 온천이다. 여주에 온천이 개발된 것은 1990년대 말이다. 여주시 강천면 삿갓봉에 1998년 당시 삿갓봉온천으로 개장하였으며, 개장 후 여러 차례 리모델링을 거쳐 지금에 이르고 있다. 욕탕은 아주 넓다. 온천물이 담수된 욕탕이 실내에는 온탕, 열탕 2개가 있고 냉탕도 아주 넓게 조성되어 있으며 사우나도 건식, 습식이 잘 갖추어져 있다. 그리고 발안마를 위한 시설과 누워 휴식을 취할 수 있는 대리석 침상도 갖추어져 있다. 실내와 이어진 노천탕에도 온탕이 한 개 있는데, 노천탕은 10명 이상이 들어갈 수 있을 정도로 크다. 노천탕 주변에는 키가 큰 소나무가 여러 그루 심겨져 있는데 노천탕에서 바라보는 풍경이 신선 세계와 같다.

온천수는 나트륨을 비롯한 천연 미네랄이 듬뿍 함유된 약알칼리성 온천수로 매끌매끌한 느낌이 든다. 피부염이나 아토피 질환, 위장병 등에 효과가 있다고 한다. 주변에 세종대왕 영릉, 신륵사, 목아박물관, 세종천문대, 강천유원지 등 많은 관광지가 있어 즐길거리가 많은 편이다.

경기도 여주는 조선시대 왕비를 아홉 명이나 배출하였다. 명성왕후를 비롯하여 민씨 성을 가진 여러 여성들이 왕비가 되었다. 그렇다 보니 자연스럽게 여주쌀과 여주도자기 등이 왕실로 보내어졌고, 경기도 여주는 지금도 쌀, 도자기, 고구마 등이 지역 특산물로 꼽히고 있다.

쌀의 경우 이천쌀에 뒤지지 않는 맛과 품질을 자랑하지만 먼저 브랜드화에 성공한 '임금님표 이천쌀'에 이어서 '대왕님표 여주쌀'로 브랜드화하여 경쟁하고 있다. 여주쌀 또한 맛과 품질이 뛰어나 이천쌀과 마찬가지로 쌀 중에서는 상대적으로 비싼 가격으로 판매되고 있다.

도자기는 지금도 경기도 광주시, 이천시, 여주시가 도자기축제를 개최하고 있지만 조선시대부터 도자기가 가장 발달한 지역은 여주시였다. 여주에서 생산된 이조백자 등 도자기들은 남한강가 이포에서 한강으로 하여 한양으로 보내어 져서 조선왕실과 지체 높은 양반가에서 사용되어졌다고 한다.

여주고구마는 밤고구마로 유명하다. 여주는 땅이 고령토가 많아 도자기를 생산하기에도 적합하지만 맛있는 고구마를 농사짓기에도 적합하다고 한다.

가장 핫한 여행
버킷리스트 온천

경기, 인천, 서울권

강화·김포·고양권

강화 석모도 미네랄온천

강화도에서 석모대교를 건너 승용차로 갈 수 있는 서울서 가까운 해수온천이다. 석모도는 2017년 3월 전까지는 배에 차를 싣고 들어갔으나 현재는 석모대교 건설로 승용차로 들어갈 수 있다. 강화도에서 석모대교를 건너 30여 분 정도 해안도로를 달리면 도로 우측편에 온천이 있다.

석모도미네랄온천은 서해바다를 바라보며 지평선으로 넘어가는 석양을 감상하며 온천을 즐길 수 있는 곳으로, 해풍과 햇빛이 그대로 몸으로 전해져 몸과 마음의 안정을 취하기에 좋다. 온천수는 460m 화강암 등에서 용출되는 51℃ 고온의 미네랄 온천수를 인위적 소독 정화없이 원수로만 사용하고 있으며, 칼슘과 칼륨, 마그네슘, 염화나트륨 등이 풍부하게 함유되어 있다. 온천수의 각종 미네랄 성분은 아토피피부염, 건성 등 피부개선에 도움을 줄 뿐만 아니라, 피부에 쉽게 흡수되어 미용과 보습, 혈액순환을 돕고, 관절염과 근육통 등에도 탁월한 효과가 있다고 알려져 있다.

노천탕과 실내탕이 갖춰져 있고 간이용 찜질방도 있다. 노천탕은 탕의 크기와 온도가 다양하게 잘 갖추어져 있다. 가장 큰 탕에서는 간단한 헤엄도 가능하다. 노천탕은 온탕이 총 14개, T자형의 커다란 미온탕이 1개가 갖추어져 있다. 온탕은 둥근형이 10개가 있는데 지붕이 있는 것이 4개, 밀폐형이 1개, 완전개방형이 5개가 있다. 이들 10개의 온탕은 탕 내 온천수의 온도가 다양하게 배치되어 있으나 구체적으로 표기되어 있지는 않다. 또한 8각형의 온탕은 4개가 있는데 둥근형과 마찬가지로 탕 내 온천수의 온도에 따라 다양하게 배치되어 있다. T자형 미온탕은 물놀이가 가능할 만큼 넓은 것이 특징인데, 깊이는 성인의 앉은 키 높이 정도여서 수영을 하기에는 한계가 있다.

노천 지역에서는 입욕과 풍욕을 즐길 수 있고, 건물 옥상으로 올라가 바다 전경도 감상할 수 있다. 서해바다를 관망할 수 있는 휴게공간과 탁자, 의자도 곳곳에 비치해 놓고 있어 여유롭게 온천을 즐길 수 있다. 실내탕은 입욕탕이 2개 있으나 넓지 않으며, 샤워물도 모두 해수로 나오기 때문에 따로 수돗물로 샤워하는 곳이 없다. 비누나 샴푸도 사용하지 못하도록 엄격히 규제하고 있다. 실내 욕장에는 열탕과 온탕 2개의 탕이 있고 모두 해수온천물이며, 샤워대만 10곳 정도 배치되어 있고, 세신대는 아예 없다.

온천욕을 끝낸 뒤에는 이렇게 해수온천욕 상태로 나와야 한다. 온천관계자와 일부 손님들은 해수온천물 상태로 나와야 효과가 있다고 주장하고 있으며, 실제 그대로 나와도 소금끼가 전혀 느껴지지 않는다. 탈의실은 그리 넓지 않은 편이다. 남탕의 경우 락카가 100여 개 있는 정도이다. 이 온천은 강화군청에서 직접 운영하고 있으나 운영 방법에 변화를 모색하고 있는 것으로 알려지고 있다.

강화 석모도미네랄온천 내부 전경

강화 석모도미네랄온천 외부 전경

김포 약암홍염천

홍염천은 수천 년 전부터 약산의 붉은 바위에서 나온 신비의 약물로 전래되고 있으며, 원래는 이곳을 붉은 배마을이라 하다가 조선 철종이 강화도 행차 중 이 물로 씻고 난 뒤 눈병이 말끔히 없어져, 이곳의 지명을 약산(藥山)과 약암리(藥岩里)로 하명했다고 한다.

홍염천은 지하 암반 400m에서 숙성 용출되어 대기중에 오염이 전혀되지 않은 순수한 광염천수로서 염분이 바닷물 농도의 10분의 1정도이며, 철분과 무기질이 다량 함유되어 있고 용출 후 10분 정도 경과되면 붉은색으로 변하는 신비의 물이다. 천연 미네랄 리튬천과 시간이 지날수록 붉은색으로 변하는 홍염천이 온천탕을 이루고 있어 2가지 성분의 탕욕을 즐길 수 있으며, 노천탕도 갖추고 있다. 국내에서 유일한 이 홍염천수는 아토피질환 및 각종 피부질환, 신경통 등에 효능을 가지고 있다고 전해져 많은 관광객들이 찾고 있다.

목욕시설은 약암관광호텔 내에 위치하고 있다. 시설은 개장한 지 오래되어 노후되었으나, 탕 내로 들어가면 크게 일반욕실, 약암홍염천실, 노천탕으로 구분되어 규모가 크다. 일반욕실은 열탕, 온탕, 마사지탕, 냉탕, 사우나실 2개로 구성되어 있고, 약암홍염천실도 열탕, 온탕, 냉탕으로 구성되어 있는데 이곳은 모두 편백나무(히노끼)로 꾸며져 있어 느낌이 남다르다. 욕탕의 물은 붉은색 계통의 진갈색이며, 맛을 보면 바닷물처럼 아주 짜다. 노천탕은 평범하다고 보면 된다. 큰 돌과 시멘트를 이용하여 야외에 욕탕을 만들었고, 물도 제법 뜨겁게 유지하고 있으며 경관도 좋은 편이다.

그러나 시설이 노후되어 평일에는 영업을 중단하고 주말에만 영업을 하고 있으나, 주말마저도 영업을 중단하고 개보수하는 날이 머지않은 것으로 생각된다.

김포 약암홍염천. 사진 출처 : 약암관광호텔 누리집

경기도 고양시 덕양구 지축동 408번지 일대의 북한산 자락에 위치한 유일한 온천으로 1995년 개장하였다. 고양시에서 최초로 온천으로 허가받은 곳으로 이름은 북한산 온천 비젠(Weisen)이다. 비젠은 독일어로 '숲'이라는 뜻인데, 북한산의 숲을 의식하여 지은 이름인 것 같다.

북한산온천 비젠을 개발하고 직접 운영하고 있는 김철호 대표는 한때 AFKN 청취법 등 영어강의를 하였던 사람이었다. 그는 그린벨트 지역이었던 경기도 고양시 덕양구 지축동 408번지로 우연한 기회로 이사를 오게 되었는데, 한겨울에도 대지가 얼지 않고 아지랑이가 모락모락 피어오르는 것을 목격하고 온천 개발하는 사람에게 탐사를 의뢰했더니 몸에 좋은 게르마늄, 세레늄, 마그네슘과 같은 미네랄이 풍부한 온천수라는 결과가 나왔다고 한다.

이 온천수는 지하 972m에서 채수하며 수소 이온 농도(pH) 9.1의 알카리성 온천이면서 게르마늄천, 세레늄천, 칼슘천이라 할 수 있다. 비젠 온천물에 다량 함유된 세레늄은 비타민의 1,970배에 달하는 천연 황산화제 성분으로 류마티스에 효능이 있고, 게르마늄은 모든 암 예방과 치료에 도움을 준다고 한다.

비젠은 고양시 최초로 온천 허가를 받은 곳으로 온천 허가 유지를 위하여 5년마다 온천공과 온천 수질 검사, 수량 등을 체크받고 있으며, 1996년 400톤이었던 하루 적정 양수량이 2012년 550여 톤으로 늘어났고 온도도 36.9℃로 더 올라갔다고 한다. 참고로 하루 550여 톤이면 매일 3,000여 명이 목욕할 수 있는 양이라고 한다. 건축 당시에는 그린벨트로 개발이 제한되어 있어서 300여 평 규모로 2층으로 지어졌는데 평일에는 200여 명, 공휴일에는 500여 명이 온천을 즐기고 있다.

북한산온천 비젠은 온천수를 알칼리와 산성으로 분해하는 첨단기계로 친환경 살균 소독수와 친환경 세정수를 생산하여 환경보호에 앞장서고 있으며, 청소시에는 인체에 해가 없는 친환경 소독수를 사용하고 있다고 한다.

북한산온천 비젠은 지하 1층에 남탕, 2층에 여탕, 1층은 접수실과 건강관리실로 운영하고 있다. 1층에 위치한 건강관리실은 '힐링케어센터'라는 이름으로 운영되고 있는데 바이오스캐너, 원적외선 지압침대, 고주파 발워머, 골반교정기, 케겔운동기 등이 설치되어 유료로 운영되고 있다.

고양 북한산온천 비젠 전경

지하 1층의 남탕으로 들어가면 먼저 왼편으로 탈의실이 있고, 옷장은 190개가 진열되어 있다. 오른편에는 이발소가 자리잡고 있다. 온천 욕장으로 들어가면 직사각형 형태의 전체 욕장 중 한가운데에 온탕이 3m×3m, 열탕이 3m×2m 넓이로 자리잡고 있다. 온탕은 자리를 잘 잡고 있으나, 열탕에는 건물 기둥이 욕탕 안에 있어 다소 좁고 시각적으로 답답한 느낌이 든다. 온천욕장 설계를 할 때 이런 점들을 감안하지 못한 것이 아닌가 싶다.

입구에서 바라볼 때 정면 벽쪽으로는 냉탕이 4m×2m 크기로 배치되어 있으며, 왼편으로는 한의사 이름을 사용하여 김광호탕이 2m×2m 크기로 자리잡고 있는데 일종의 한약재를 이용한 욕탕이라 할 수 있다. 김광호탕에는 등과 종아리 등을 안마할 수 있는 에어푸쉬 3개가 설치되어 있고 압력도 강하여 마사지 효과를 볼 수 있다. 그리고 김광호탕 옆에는 사우나실이 위치하고 있으며, 입구에서 볼 때 오른편으로는 좌식 세신대 20개가 설치되어 있고, 입구쪽 벽면으로는 샤워기가 10개 설치되어 있다.

전체적으로 볼 때 단독 온천욕장 치고는 작은 규모여서 처음부터 좀 더 크게 지었더라면 하는 아쉬운 마음이 들었다.

경기, 인천, 서울권 온천 지도

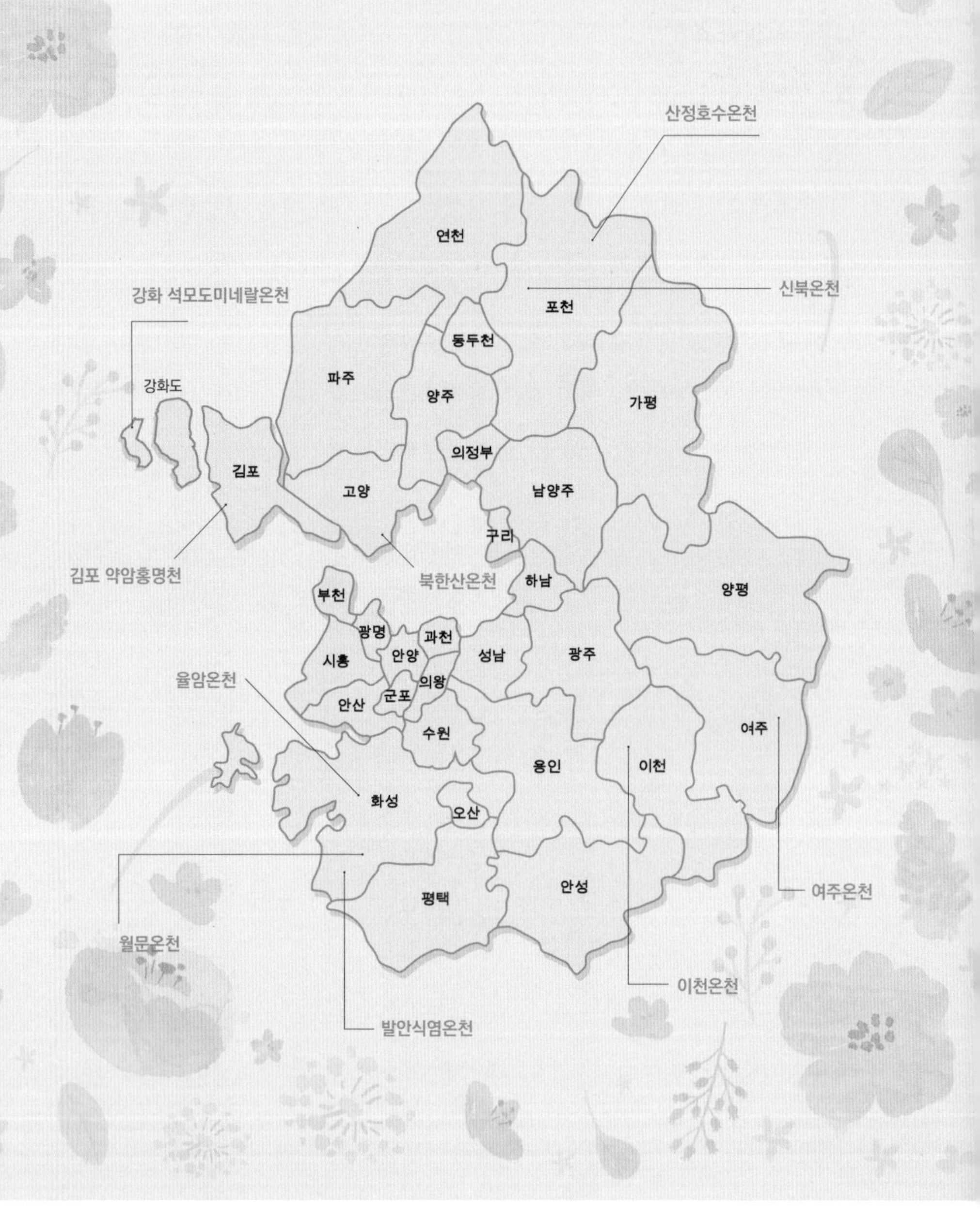

강원도 속초시 미시령 입구 부근인 노학동에 있는 온천이다. 별칭으로 설악온천(雪岳溫泉)이라고도 한다. 설악산국립공원과 연결되어 있으며 일제강점기 때 일본인이 처음으로 고온수를 발견하게 된 것이 시초였으나 1945년 해방 때 일본인이 일본으로 가게 되면서 그 흔적을 매장하고 없애는 바람에 고온수의 흔적을 알 수 없었다. 그러다가 1966년 그 자리에 온천수 추출을 목적으로 발파공사를 하게 된 끝에 온천수를 추출하는 데 성공하여 1973년 원탕이 강원도 1호 온천으로 개장하였다.

척산온천은 일본인이 고온수를 찾았다고 하나 이미 조선시대부터 양양 혹은 간성 등지에 알음알음 알려졌다는 이야기가 있다. 특히 척산온천 용출지 주변은 언제나 물이 따뜻하여 겨울에도 초목이 무성하고 아낙네들이 빨래터로 찾았다고 한다. 동물들도 이 온천을 많이 찾았다고 하나 온천에 대한 개념이 전국적으로 확산되지 않았던 조선시대에는 약수나 그저 몸에 좋은 물 정도의 인식에서 멈추었던 것으로 추정된다. 만일 동래온천이나 온양온천같이 역사가 오래되고 지역 내 목욕문화가 끊임없이 전수되었으면 척산온천 역시 오래전부터 개발이 되었을 것이나 험준한 태백산맥을 넘어야 하기 때문에 제대로 된 관심이 부족했던 것으로 추정된다.

온천은 지하 250m에서 채수하며 온도는 53℃이다. 온탕, 열탕, 냉탕과 사우나 등을 갖추었고 보수 및 리모델링 공사를 통해서 욕탕 구조를 전면 개조하여 노천탕도 신설하였다. 온천의 성분으로는 수소 이온 농도가 pH 8.58로 불소와 라듐 등이 다량 함유한 강알칼리성 단순천(온천수 1kg 속 함유 성분이 1g 미만인 온천)으로 무색투명하다. 그 외 칼슘, 유황(硫黃), 칼륨, 라돈 등이 함유되어 있으며 갱년기, 피부병, 류머티즘, 피로에 효능이 있다.

속초 척산온천

속초 척산온천 내부. 사진 출처 : 척산온천 휴양촌 누리집

속초 척산온천 노천탕. 사진 출처 : 척산온천 휴양촌 누리집

양양 설해온천

양양 설해원 지하 1층에 위치한 설해원 온천사우나이다. 최고 수질의 설해원 온천수가 풍부하게 공급되며, 온천사우나, 온천수영장, 노천온천까지 갖추고 있어 가족 단위로 즐길 수 있는 종합 온천휴게시설이다. 특히 울창한 숲을 조망하는 노천온천과 편백향 가득한 사우나는 자연이 그대로 느껴지는 휴식공간이다.

양양 설해온천

양양 설해온천

양양 설해온천 노천탕. 사진 출처 : 설해원 누리집

오색약수터에서 한계령 쪽으로 3㎞ 정도 올라간 높이 80m 계곡 위에 있다. 조선조 중엽인 1500년경 발견되어 일제강점기에는 고려온천이라고 했는데, 이때 개발과정에서 온천수의 원천에 잡수가 섞여 수온이 25℃에 불과하다고 한다. 우리나라에서 가장 높은 곳에 있는 온천으로서 조선 중기인 1500년경 이곳에 있는 성국사(城國寺)의 한 승려가 시냇가의 반석 위에서 솟아나는 약수를 발견하였는데, 오색석사 뜰에 오색화가 피는 특이한 나무가 있어 그 이름을 따서 오색약수라 불렀다고 전한다. 일제강점기에는 일본인이 고려온천이라 하여 온천장을 운영하였다고 한다.

유황 성분이 많으며 피부병은 물론 신경통에 효과가 좋다. 현재의 온천은 1982년 양양군에 의해 개발되었다. 유황 성분이 많은 단순천으로, 수소 이온 농도(pH) 8.9인 알칼리성 온천이다. 규산, 나트륨 이온, 칼슘 이온과 약간의 마그네슘 이온이 포함되어 있으며, 1일 3천 톤 가량 솟아난다. 피부병·신경통·고혈압·당뇨병에 효과가 있으며, 특히 피부미용에 특효가 있다고 한다.

양양 오색온천 노천탕. 사진 출처 : 오색그린야드호텔 누리집

양양 오색온천 내부. 사진 출처 : 오색그린야드호텔 누리집

설악산국립공원 남설악지역의 입구로, 오색약수와 여러 폭포를 비롯해 주전골·만경대 등 심산유곡의 기암괴봉이 절경을 이루며 온천 바로 위 계곡에는 온천 1폭포와 2폭포가 이어지는 약 4㎞의 온천골이 있다. 오색온

천은 선녀가 목욕하던 영천이라는 전설이 전해지기도 한다.

양양에서 한계령을 잇는 국도변에 있어 교통이 편리하고, 등반을 겸한 온천을 즐기기에 좋다. 오색그린야드호텔을 비롯해 오색약수터 일대에는 남설악관광 호텔 등의 숙박시설이 있다. 오색그린야드호텔 내 오색온천은 대표적인 탄산온천이며, 기포가 피부병 치료에 도움을 준다고 알려져 있다. 지하 470m에서 끌어올린 27℃ 저온온천이며, 탄산효과로 피부를 자극하고 전신에 포말이 생겨 온몸이 후끈거리는 신기한 현상이 있다. 피부미용, 혈압강하, 동맥질환 등에 좋으며 물은 미지근한 편이다.

또한 고온의 알칼리온천탕도 갖추고 있는데, 이는 한계령 650m 고지대 자연용출 온천으로 매끈함과 부드러움을 느낄 수 있고, 칼슘, 나트륨, 중탄산 등 좋은 성분이 다량 함유되어 신경통, 관절염, 통풍, 위장병, 피로회복에 도움을 준다고 한다. 탄산온천, 알카리 온천 이외에도 암반파동욕장, 테마실(6실), 쉼 자율 명상실, 휴게실 등도 운영하고 있다.

양양 오색온천 내부. 사진 출처 : 오색그린야드호텔 누리집

강릉 금진온천

강릉 탑스텐호텔 전경

금진온천은 강원도 강릉시 옥계면 금진리에 위치한 온천으로서 금진, 심곡지구의 해안단구지역 1,100m 고생대 암반층에서 뽑아낸 해저심층 온천수를 사용한다. 수만 년 전 일어난 지각 변동으로 지하에 갇혀버린 바닷물이 외부와의 접촉없이 열과 압력을 받으며 숙성된 붉은 온천수이다.

붉은 온천수를 처음 사용한 것은 인근의 신부와 수녀들이었다고 한다.

이들은 본인들이 마시고 씻어본 경험을 바탕으로 효험이 있다는 확신을 가지고 몸이 아픈 이들에게 온천수를 나누어 주었으며, 온천수를 마신 사람은 몸이 가벼워지고, 피부와 머리카락이 매끄러워질 뿐 아니라 고질병이 완화되는 신비한 일을 경험하게 되었다고 한다. 이렇게 점차 입소문이 퍼지면서 가톨릭중앙의료원과의 공동 연구가 진행되었고, 붉은 물의 효능도 검증되기 시작했다고 한다.

강릉 금진온천 입구

온천수는 구리, 아연, 마그네슘, 칼슘, 망간 등 피부에 유익한 미네랄부터 세레늄, 바나듐 등의 희귀 미네랄까지 품고 있으며, 천연미네랄 함량이 무려 30,000mg/l에 이른다고 한다. 몸의 피로 회복은 물론 아토피, 혈압, 천식, 위장질환 치료에 효과가 있다고 한다.

금진온천은 강릉 탑스텐호텔 1층에 위치하고 있다. 호텔 정문은 ML층에 위치하고 있어 호텔 정문을 통하여 내부로 들어가면 한 개 층을 내려가야 한다. 1층 내부에는 온천욕장 뿐만 아니라 편의점, 탁구장, 노래방 등 호텔 부대시설들이 위치하고 있는데 온천욕장은 왼편에 여탕이 있고, 오른편에 남탕이 위치해 있다. 호텔 입구에는 간판이 '금진온천'으로 되어 있으나 1층 내부 안내 간판은 '여자사우나', '남자사우나'라고 되어 있다.

강릉 금진온천 내부

남자사우나 내부로 들어서면 입구에서 왼편으로 족욕탕이 1m×8m 크기로 위치해 있고 앉을 수 있는 나무 좌석이 설치되어 있다. 이곳에서는 호텔 밖의 잔디와 함께 멀리 금진항을 관망할 수 있다. 족욕탕의 왼편으로는 대형 스크린이 3m×6m 크기로 설치되어 있어 뉴스 등 방송 프로그램을 즐길 수 있다. 입구에서 오른편으로는 샤워대가 블록 형태로 24개가 설치되어 있고, 더 오른편 구석으로는 세신대가 10개 설치되어 있다.

입구에서 정면 벽쪽 가장 오른편부터 왼편으로 온천탕, 열탕, 냉탕이 연이어 위치해 있는데, 전부 3m×6m 크기이다. 냉탕 옆으로는 마사지를 할 수 있는 에어푸쉬가 8개 정도 설치되어 있는데 마름모꼴의 욕탕을 이루고 있다. 여기서 특이한 것은 대부분의 온천장들이 탕 내 모든 물은 온천수를 사용하는 것이 대부분이나 이곳은 '온천탕'이라고 되어 있는 탕만이 온천수를 사용하고 있어 아쉬움이 있으며, 온천수량이 풍부한 것은 아닌 것으로 보인다.

탈의실의 락카는 311개로 많은 편이며, 수영장과 함께 사용하고 있다. 화장대는 양쪽 벽면을 활용하여 양쪽이 마주보게 두 곳에 설치되어 있고 양쪽 사이로는 금진항의 바다를 관망할 수 있다.

강원도 고성군 토성면에 위치하고 있다. 고성원암온천은 설악권 온천지구이며 알칼리성 온천으로 용출량이 풍부하다. 고성군 토성면 원암리와 인흥리에 위치한 리조트들을 중심으로 개발된 온천으로 10월이면 온천대축제가 열리기도 할 정도로 온천이 발달되어 있다. 파인리즈리조트, 델피노리조트, 아이파크콘도, 일성설악콘도, 캔싱턴리조트 등에 대중온천탕이 있다. 이들중 일성설악콘도는 다소 노후되어 일시적으로 영업을 중단하기도 했지만 다른 시설들은 우수한 편이다.

이 중 아젤리아 온천수는 지하 1,065m에서 용출되는 40.9℃의 천연온천수로 하루 용출 수량은 1,084톤으로 최고의 수량을 자랑하며, 가열하지 않고 사용하는 100% 천연의 알칼리온천수이다. 칼륨, 나트륨, 칼슘, 불소, 리듐 등 성분의 미네랄이 함유되어 있어 산성화된 피부를 중화시켜주며, 피부를 청결하게 하고 피로를 풀어준다고 한다.

남성 온천탕은 본관 3층에 위치하고 있으며, 탈의실의 화장대에서는 파인리즈골프장의 전경을 바라볼 수 있어 전망도 뛰어나다. 욕실 입구로 들어가면 왼편으로 온탕이 6m×4m 크기로 위치하고 있고, 입구에서 볼 때 맞은편 벽면으로 어린이탕, 개똥풀탕의 이벤트탕, 찜질방이 나란히 위치하고 있다. 그리고 오른편 벽면으로는 4개의 공기유압기가 설치된 유압탕이 있고, 그 옆에는 냉탕이 위치하고 폭포수도 즐길 수 있도록 되어 있다.

또한 왼편으로는 3개의 개인 입욕탕을 설치해 놓고 있으며, 그 옆에는 지압 침상이 마련되어 편히 누울 수 있도록 되어 있다. 어린이탕은 일반 온천수보다 온도가 좀 낮은 것으로 이해하면 된다. 입구에서 오른편에는 샤워시설과 세신대가 각각 7개씩 마련되어 있다.

아젤리아온천은 온탕은 물론 냉탕까지도 모두 천연온천수를 사용하고 있어 모든 욕탕에서 온천수가 매끄럽다는 것을 느낄 수 있으며, 목욕하고 나면 일반 목욕탕보다 피부가 확실히 다르다는 것을 느낄 수 있다.

고성 파인리즈리조트 아젤리아스파

동해보양온천 내부. 출처 : 동해보양온천 컨벤션호텔 누리집

동해보양온천은 행정안전부 승인을 얻어 2010년 7월 9일자로 국민 보양온천으로 지정되었다. 1,000여 명 수용이 가능한 천연암반해수, 지장수 온천이며 피부미용과 피로 회복에 효과가 있다고 알려져 있다.

보양온천수에 용해되어 있는 탄산성분에 의해 혈압을 내리고 심장병 치료에 도움을 주며 진정작용, 항염작용으로 두드러기, 만성피부질환과 강한 수렴작용으로 무좀개선효과, 위장병, 빈혈, 갱년기장애, 부인병 예방에 효과가 좋은 온천수이다.

온천수는 칼슘, 중탄산 등 광물질을 다양하게 함유하고 있으며 용출된 온천수가 공기와 접촉하면서 붉어지고 미네랄 성분의 흰 앙금이 생성되며 광물질에 의한 양리 성분이 풍부한 온천이다. 시설로는 호텔 객실은 물론 실내, 실외에 해수수영장을 갖추고 있고, 찜질실까지 갖추어져 있어 즐길거리가 풍부한 편이다.

철원온천은 보일러로 유명한 기업인 귀뚜라미가 설립한 한탄리버스파 호텔 지하 1층에 자리하고 있다. 호텔 입구로 들어와 지하 1층 게르마늄 온천이라고 적혀 있는 입구로 내려가면 확 트인 로비가 나오고 양쪽으로 남녀 온천탕이 배치되어 있다. 지하라고 하지만 강원도 철원군 동송읍 태봉로에 위치한 고석정이 호텔 바로 뒤편에 있어 온천 입구 로비에서 뒤를 내다보면 아주 빼어난 경치를 감상할 수 있다.

고석정은 신라 증평왕이 한탄강 중류인 이곳에 세운 정자인데 이 일대를 통틀어 고석정이라 부른다. 강 가운데는 높이 10m의 고석암이라는 바위가 서 있어 절경을 만들고 있고, 강에서는 유람선도 탈 수 있는 곳이다. 이곳은 조선시대 의적으로 활약했던 임꺽정이 숨어 활동했던 곳이기도 하다.

철원 한탄리버스파호텔 전경

철원 한탄리버스파호텔 내 온천탕 입구

철원온천은 일명 화산온천으로 국내 유일의 화산온천이다. 지하 1,080m 현무암반에서 취수한 온천물을 그대로 공급하고 있으며, 온천수에는 게르마늄, 칼슘, 나트륨, 불소, 마그네슘, 칼륨 등 미네랄 광물질이 함유되어 있어 노폐물 제거와 피부 재생 등 다양한 효과가 있다고 한다.

온천시설은 구탕과 신탕으로 나뉘는데, 계절과 손님의 많고 적음에 따라 유동적으로 운영하고 있다. 내가 방문하였을 때는 신탕이 운영되고 있었는데, 신탕은 열탕, 온탕, 냉탕, 습식 쑥사우나 등이 있었고, 전체 규모는 일반 목욕탕 수준으로 크지 않고 아담한 크기이다. 온천수는 매끄러움을 느낄 수 있을 정도였으며, 화산온천이어서 그런지 온천목욕을 한 뒤 머리를 말려보니 조금 뻣뻣한 느낌으로 머리에 힘이 있는 듯 했다.

탈의실로 나와 구탕 안쪽을 살펴보니 거기도 열탕, 온탕, 냉탕, 사우나 등을 갖추고 있었고, 야외 노천탕도 있어 신탕보다는 품격이 있어 보였다. 사실 온천이라 하면 온천수도 중요하지만 노천탕도 아주 중요한 시설 중 하나인데 경영상의 이유로 구탕을 개방하지 않아 아쉬운 마음이 들었다.

인제 필례 게르마늄온천

산 깊은 곳에 자리잡은 매우 조그만 온천이다. 가족이 운영하는 작고 아담한 곳으로 근처에 물 맑은 필례계곡과 필례약수터가 있어 붙여진 이름이다. 이곳 온천수는 인체에 유익한 성분인 게르마늄 함량이 국내 최고 수준인 것으로 조사되어 온천장 이름에도 게르마늄이란 단어를 붙였다. 특히 게르마늄 성분은 겨울의 건조해진 겨울 피부를 부드럽고 촉촉하게 가꾸어 준다. 욕실 내부는 온탕 한 개, 냉탕 한 개, 샤워기 4개에 좌식으로 씻는 곳이 한 곳 있으며, 하얀 자작나무 숲에 둘러싸여 한가로이 즐길수 있는 편백나무 노천탕은 특별한 온천 묘미를 준다.

인제 필례게르마늄온천 전경

강원권 온천 지도

필례게르마늄온천
철원온천
원암온천
고성군
철원군
화천군
양구군
인제군
속초시
척산온천
설해온천
양양군
오색온천
춘천시
홍천군
강릉시
금진온천
동해보양온천
평창군
횡성군
동해시
정선군
삼척시
원주시
영월군
태백시

충주·청주권

수안보온천

수안보온천은 삼국시대 이래 남북의 연결 통로에 위치하여 행인의 거처 역할을 하였다. 수안보라는 지명은 '보(洑) 안쪽의 물탕거리'라는 순수한 우리말이 한자로 변천된 것으로 18세기 초 이규경의 《오주연문장전산고》에 최초로 지명이 거론되었다. 《세종실록》과 《신증동국여지승람》에는 '안부(安富)', '안보온정(安保溫井)', '연풍온천(延豊溫泉)' 등으로 기록되어 있다. 고문헌의 기록에 의하면 고려 왕건 · 조선 숙종 등 왕족뿐만 아니라 유생 · 관기 등이 수안보온천을 이용하였다고 한다.

특히, 영남의 선비들은 세 가지 경로 즉, 조령 · 추풍령 · 죽령을 넘어 한양으로 갈 수 있었지만 과거길 만은 반드시 조령을 넘어 수안보온천~한양으로 이어지는 구간을 고집하였다. 전해지는 이야기로는 추풍령은 추풍낙엽(秋風落葉)과 같이 떨어진다는 속설이 있고, 죽령은 썰매를 탄 것과 같이 과거에 미끄러진다고 하여 꼭 조령을 넘어 과거길에 올랐다고 하는데 수안보에서 온천으로 과거길의 피로를 풀었을 것이다.

수안보온천은 2000년대 이전까지는 국내 대표적 온천 위락단지였다. 그래서 온천장을 운영하면서 숙박업도 함께 하는 한국콘도 등 유명리조트와 한국도자기가 운영하는 수안보파크호텔, 공무원연금공단이 운영하는 상록호텔 등 호텔들이 즐비하였고, 한화 등 기업체 연수원들도 많았지만 지금은 유성온천, 부곡온천 등 다른 온천지구와 마찬가지로 많이 쇠락한 상황이다.

수안보온천 최초의 모습

수안보온천의 수질은 단순 유황 라듐천으로 성분의 특징상 불소 · 규산 성분의 함량이 높고, 수소 이온 농도(pH)의 범위는 8.4~8.7이며, 수온은 53℃이다. 오래전부터 신경통 · 류머티즘 · 피부병 · 위장병 · 부인병 등에 효과가 있고, 불소가 함유되어 있어 충치도 예방한다.

수안보온천은 온천수원의 보호 및 원활한 공급을 위하여 온천수 저장 탱크를 설치하여 전국에서 유일하게 중앙집중 공급방식으로 온천수가 공급되고 있다. 한마디로 수안보 지역의 온천수는 시설이 다를 뿐 수질은 동일하다는 의미이다. 현재 온천시설은 호텔에서 운영하는 대중탕이 다수 있다. 수안보파크호텔과 수안보 상록호텔의 온천시설이 비교적 깨끗하고 양호하다. 대중탕도 여럿 있느나, 수안보 지역목욕협회에 의해 운영하는 하이스파는 지금 문을 닫은 상태이다.

충주 수안보파크호텔

수안보파크호텔의 온천시설은 호텔의 별관 2층에 위치하고 있다. 호텔 자체가 1990년대에 건축한 시설이므로 온천장 역시 오래되어 노후화된 느낌이 들지만 리모델링으로 시설은 다소 깨끗한 편이다. 온천욕장 내부로 들어서면 먼저 큰 온탕이 있고, 바로 옆에는 열탕이 위치하고 있다. 그리고 입구에서 볼 때 오른편과 맞은편 벽면으로는 세신대가 마련되어 있으며, 입구 정면으로는 노천탕 출입문이 있다. 노천탕은 욕탕과 주변 공간이 넓은 편이며 따뜻한 온천수가 잘 유지되고 있다. 노천탕으로 나가 오른편에서 바라보면 산의 소나무와 어우러져 분위기가 있으며, 호텔 자체가 높은 지대에 위치하고 있어 노천탕에서 굽어보는 경관도 뛰어나다.

충주 수안보파크호텔 노천탕. 사진 출처 : 올스테이 블로그

그리고 최근 2023.9월 수안보온천지구에 '유원재'라는 온천 전문호텔이 영업을 시작하였다. 이 호텔은 수안보면 온천리 옛 터미널 부지에 지상 1층, 지하 1층 규모로 신축된 온천 전문호텔로서 카페 및 레스토랑, 객실

별 개별 정원과 노천탕 등을 보유하고 있다. 유원재(留園齋)는 '하루 동안 정원을 보며 머무르는 집'이란 의미로, 객실별로 보유한 개별 공간에서 국내 최고 수안보 온천수를 온종일 즐길 수 있으며, 이용객에게 전문 셰프의 석식 코스요리 및 다음 날 조식 한상차림이 제공된다고 한다. 일종의 일본 료칸식 온천호텔인데 비싼 점이 흠이지만 수안보온천의 부활을 가져오는 견인차 역할을 할지 주목된다.

유원재 노천탕. 사진 출처 : 유원재 온천호텔 누리집

능암탄산온천

충주 능암탄산온천 전경

능암탄산온천은 충주시 앙성면 능암리에 위치하여 일반 대중탕 형태로 운영되고 있으며, 지하 600m에서 용출되는 천연 탄산온천을 아무런 가공없이 공급하고 있다. 다량의 탄산가스(629.49ml/L)와 천연 미네랄 성분들(실리카 81ml/L, 철분, 마그네슘 등)이 함유되어 있어 입욕 시 피부에 탄산 기포들이 생기면서 모세혈관을 자극하고 확장시켜 주는 작용을 하여 혈압을 내려주고 심장의 기능을 원활하게 해 준다.

수온은 26℃~38℃이며 온천수의 색깔이 다소 노란빛을 띠는 것이 특색이다. 탕 속에 들어가면 몸에 기포가 생기며, 몸이 간질간질한 느낌이 들고, 10분 이상 있으면 피부가 붉어지는 특징이 있다. 탄산가스가 피부에 흡수되어 혈관이 확장되고 혈류량이 3~4배 증가하여 피부색이 붉어지는 것이다. 열탕과 탄산탕을 번갈아 입욕을 하면 피부에 탄력을 주고 신진대사를 원활하게 하여 요통과 신경통, 어깨결림은 물론 불면증, 고혈압, 심장병 치료에 효과가 있으며, 신장에도 좋다고 한다. 탄산수여서 음용도 가능한데 인공탄산수보다 천연 성분들이 많아 사이다 같은 느낌이 들고 몸에도 좋다고 한다.

청주 초정약수원탕 전경. 사진 출처 : 〈한겨레신문〉, 2022.8.21.

초정약수온천는 충청북도 청주시 청원구 내수읍에 위치하고 있는 우리나라 대표적 탄산온천 중 하나이다. 세종대왕이 즉위 26년째인 1444년 봄과 가을 두 차례 눈병 치료를 위하여 초정약수를 찾았다고 한다. 악화된 눈병을 치료하려고 60일간 머무는 동안 임시 궁궐인 행궁을 이곳에 지었고, 세종이 이곳에 머물면서 《훈민정음》을 마무리했다는 주장도 있다.

초정약수는 세계광천학회가 미국 샤스타, 영국 나포리나스와 함께 세계 3대 광천수로 꼽은 바 있으며, 미국 식품의약국(FDA)도 초정약수를 탄산·마그네슘 등 몸에 좋은 성분을 다량 함유한 세계적인 광천수로 인증하였다. 탕 안에 들어가면 몸에 기포가 생기고 열이 나면서 따끔따끔해진다. 초정약수온천은 초정약수원탕이 대중온천탕으로 운영되고 있으며, 인근의 초정약수 세종스파텔은 노천탕까지 갖추고 있다.

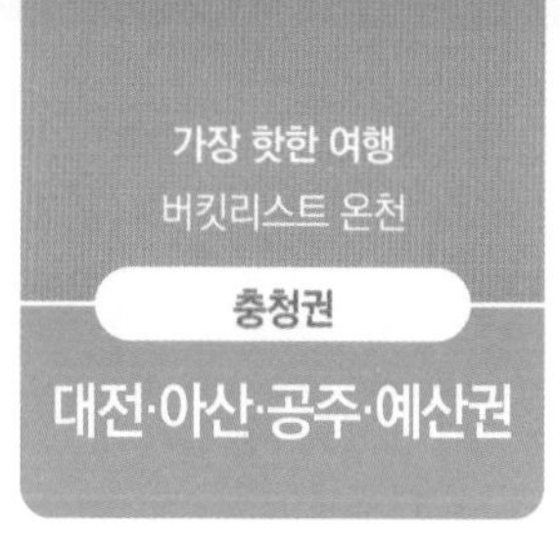

유성온천은 백제 말엽 신라와의 싸움에서 크게 다친 아들의 약을 찾던 한 어머니가 백설이 뒤덮힌 들판에서 날개 다친 학 한 마리가 눈 녹은 웅덩이 물로 상처 난 날개를 적셔 치료하는 것을 보고 아들의 상처를 그 물에 담그게 하여 말끔히 치료하였다는 얘기가 전해내려 오고 있는 곳이다. 《동국여지승람》에 의하면, 조선 태조 이성계가 조선의 새 왕도 후보지를 물색하기 위하여 계룡산에 들렀다가 이곳에서 목욕하였다고 하며, 태종이 전라도를 행차하던 중 이곳에서 목욕을 하였다는 것으로 보아 조선왕조 초기에는 임금이 쉬어 갈 정도로 훌륭한 온천이었음을 짐작할 수 있다.

이 지역은 처음에는 한가한 촌락이었으나 1905년 경부선 철도가 개통된 이후 교통 및 상거래 수단 등 사회적 환경이 변함에 따라 1915년 공주갑부 김갑순이 자연적으로 용출되던 온천지에 최초로 온천정을 뚫어 상업화하고 유성온천여관을 개관하였는데, 이것이 유성온천장의 시발이 되었다고 한다. 이후 1932년 충청남도 도청이 공주에서 대전으로 옮겨지고, 대전이 교통 요지로 급성장함에 따라 적극적인 개발과 함께 유성온천 지구가 관광지로 개발되었다.

대전 유성호텔, 운영 당시의 전경

유성온천의 온천수는 200m 이상 깊이에서 분출되는 것으로 수온이 37~56℃로 온도가 높은 것이 특징이다. 온천수 성분은 수소 이온 농도(pH) 8.4 라듐 방사천이며 건강에 유익한 단순천으로 수질은 무색, 무취, 무미한 것이 특징이다. 오래전이지만 중앙화학연구소가 검사한 바에 따르면 약간의 라듐 뿐만 아니라 황, 칼슘, 질소 등의 약 60여 종의 성분이 함유되어 있어 각종 피부병과 신경계통의 질환, 위장병 · 비만증 · 당뇨병 · 부인병 등에 효과가 있는 것으로 알려져 있다. 또한 수질이 매우 부드러워 목욕을 하고 나면 비눗물이 씻기지 않은 것처럼 온몸이 매끄럽다.

유성온천지구에는 많은 대중온천탕들이 영업하고 있다. 가장 대표적으로 육군본부 소속의 계룡스파텔 등이 있으며, 대부분의 숙박업소들은 별도의 온천목욕시설을 갖추고 있다. 특히 100년 이상의 역사를 자랑하는 유성호텔의 온천욕장은 유성온천의 메카라고 볼 수 있는데 이곳은 신발장과 락카가 370개에 이른다. 실내 욕장으로 들어서면 샤워대 16개, 세신대 41개가 설치되어 있고, 가운데에는 온탕, 바로 옆 왼편으로는 열탕이 위치해 있으며, 그 외 냉탕, 약초탕, 마사지탕, 사우나실 등 다양한 즐길거리와 함께 노천탕도 갖추고 있어 지역민들에게도 사랑받고 있다. 그러나 최근 경영난으로 2024년 4월부터 문을 닫았다고 하니 온천 매니아로서 안타까운 일이지만 더욱 좋은 시설로 새롭게 탄생하기를 기대해 본다.

대전 유성온천 계룡스파텔 전경

충청남도 아산시 온천동에 있는 온천이다. 아산시의 중심에 있음에도 온양이라는 이름이 붙은 이유는 소재지의 과거 행정구역이 온양군이었기 때문이다. 아산시 구역 내에는 도고면에 위치한 도고온천도 만만찮은 지명도를 갖고 있으며, 음봉면에는 진짜 지명 이름 그대로 '아산'온천도 있어 구별을 잘 해줘야 한다. 한때 온양온천은 옛 아산군이 있었던 시절까지는 옛 온양시에 있었기 때문에 지역적으로 다른 온천으로 분류가 되었으나 1995년에 온양시와 아산군이 통합되고 아산시로 승격되면서 같은 지역 온천으로 분류하게 되었다.

전국에 대규모 온천단지가 개발되고 열악한 도시환경과 기존시설의 낙후 등으로 인해 1990년대부터 이곳을 찾는 관광객 수가 감소하였으나, 2008년 수도권 광역전철이 신창역까지 개통되면서 교통 여건이 크게 개선되어 온양온천을 찾는 관광객이 크게 증가하였다.

온양온천은 기록상 국내에서 가장 오래된 온천으로 삼국시대부터 시작되어 약 1,300여 년 역사를 자랑한다. 온양은 뜨거운 물이 나온다 하여 백제시대에는 탕정군(湯井郡), 고려시대에는 온수군(溫水郡), 조선시대에는 온창(溫昌), 온천(溫泉)으로 불리어 오다 1442년 세종대왕이 온양 행차 시 이곳을 온양군으로 개칭한 뒤 계속 온양으로 불리고 있다.

조선 7대 임금 세조는 1458년 온양에서 목욕한 뒤 이곳을 신정(神井)이라 명명하였고, 성종은 이곳에 신정비(神井碑)를 세웠다. 이런 내용은 《삼국사기》, 《고려사》, 《동국여지승람》, 《조선왕조실록》 등에 기록되어 있으며 세종대왕이 안질 치료차 행차한 뒤 현종, 숙종, 영조, 정조 등 여러 임금이 이곳에 온궁을 지으며 휴양이나 병의 치료를 위해 머물렀다. 온양온천은 임금 외에 여러 관리들도 자주 방문하였다. 세조대나 성종대에 온양온천의 사용에 대해 임금이 사용하는 공간 이외의 곳에는 온천 사용을 개방했으므로 일반 관리들이 자유롭게 온양온천에서 목욕을 할 수 있었던 것으로 보인다. 다른 온천과 달리 온양온천은 관련 인물이나 유물의 현황 등을 고려할 때 특히 조선 왕실 전용 온천이라고 볼 수 있다. 흥선대원군도 욕실을 설비한 일이 있었던 온양온천은 오랜 역사를 통해 선조들이 즐겨 찾던 온천 휴양지였으며 이와 관련된 역사 유적도 많이 남아 있는 유서 깊은 곳이다.

주요 성분은 라듐 등을 포함한 방사능천이다. 온양온천의 원탕은 시장 주변에 위치한 신천탕이라는 목욕탕 자리인데 도로 건너편에 있는 신천옥(玉)목욕탕도 원탕을 제공하는 곳이라 두 곳 모두 온천수가 매끄럽고 부드럽다. 신천옥사우나는 1966년 현재의 자리에서 온천공을 개발하여 지하 350m의 암반에서 분출하는 온천수를 공급하고 있으며, 58℃의 고온 그대로 공급하고 있어 전혀 데우지 않는 것이 특징이다. 다만, 신천탕은 최근 새로 지어 시설이 크고 깨끗한 반면, 신천옥사우나는 지은 지 오래되어 시설이 다소 노후되어 있다.

아산 온양온천 신천탕 전경

아산 온양온천 신천옥대중탕 전경

아산 아산스파비스 전경

아산온천은 1987년 발견되어 1991년에 관광지로 지정, 개발되었다. 수질은 중수산나트륨을 포함한 알칼리성온천으로 20여 종의 무기질 성분이 다량 함유되어 있어 체감이 매끄럽고 혈액순환촉진, 세포재생촉진 작용, 신경통, 관절염, 고혈압, 위장병, 풍, 피부미용에 효과가 있는 것으로 알려지고 있다.

아산온천지구에 있는 대표적 온천욕장인 스파비스는 종합 온천관광단지로서 대온천욕장, 실내바데풀, 실외온천풀 등 다양한 물놀이 즐길거리가 있으며, 대온천욕장에는 노천탕도 갖추고 있다. 주변 야산들이 울창한 산림으로 둘러싸여 깊은 산곡에 들어 있는 것으로 착각할 만큼 공기가 맑고 숲속을 걸으면 산림욕까지 겸할 수 있는 좋은 조건을 갖추었다.

도고온천

아산 파라다이스 스파 도고 전경

충청남도 아산시 도고면 기곡리에 있는 온천이다. 아산시의 3대 온천(온양, 아산, 도고) 중 하나로 아산시 서부에 위치해 있으며, 온양온천역을 기준으로 서쪽으로 15km 지점에 있다. 한때 도고온천은 옛 아산군이 있었던 시절까지는 옛 온양시에 있었기 때문에 다른 지역의 온천으로 분류가 되었으나 1995년에 온양시와 아산군이 통합되고 아산시로 승격되면서 같은 지역 온천으로 분류하게 되었다.

신라시대부터 온천보다는 약수(藥水)로 이름이 났었기 때문에 온천수를 식수로 마실 수 있으며 수질은 수소 이온 농도(pH) 7.75의 약칼리성 수질이며 약염천에 속하는 유황천으로 피부병, 신경통, 당뇨병, 만성기관지염, 위장병 등에 효과가 있다고 한다. 일반적으로 유황온천이라고 하면 온천수 1kg 중 유황 성분이 1g 이상 함유된 온천으로서 흰빛을 내고 흐려지며 달걀 썩는 냄새가 나는 점과 은이나 납성분의 금속물질은 흑갈색으로 변하는 점이 특징이다.

아산 도고별장호텔 스파피아 전경

이곳이 온천으로 개발된 것은 약 200년 전이라고 한다. 근대에 들어와서는 일제강점기 때인 1921년에 일본인 사금업자가 개발하였고, 화강암의 지질 때문에 굴착이 지연되었다가 해방 후인 1975년에 호텔, 콘도 등이 들어서면서 본격적인 개발이 이루어졌다. 성분은 유황이 많이 있어서 유황온천으로 분류되어 있다. 유황의 특징인 달걀 썩는 냄새와 욕실 주변에 종유석마냥 생성되어 들러붙는 유황 결정이 특징이었으나 옛날에 비해선 성분이 많이 약해진 상태이다.

온천지구 개발 당시에는 별장호텔, 글로리콘도, 한국콘도 등 다수의 숙소와 대중탕이 있었으나, 지금은 글로리콘도, 한국콘도 등은 문을 닫은 채 건물만 남아 있고 박정희 전 대통령이 자주 들렀다는 도고별장호텔 스파피아온천은 영업중이다. 그리고 이와 별개로 파라다이스그룹이 '파라다이스 스파 도고'를 2008.7월에 개장하였는데, 이곳이 도고온천을 찾는 젊은 온천매니아들을 끌어들이고 있다.

'파라다이스 스파 도고'는 2층 구조로 되어 있는데, 2층은 물놀이장이 있고 1층은 온천장이라 보면 된다. 2층 탈의실에서 탈의하고 남탕이 있는 1층으로 내려가면 온천장이 나타나는데 전체 구조를 보면 먼저 오른편으로 노천탕 입구가 처음으로 나오고 이어서 좌식 세신대가 2블럭 22좌석이 배치되어 있으며, 그다음으로 샤워대가 8개 배치되어 있다. 입구 왼편으로는 먼저 샤워대가 8개 배치되어 있고, 에어푸쉬 7개가 설치된 온탕이 다음으로 배치되어 있으며, 이어서 건식사우나, 습식사우나가 배치되어 있다.

그리고 가운데에는 3m×4m 온탕 1개, 3m×2m 열탕 2개가 이어져 있는데, 열탕은 가장 뜨거운 탕이 약 41.7℃, 그다음이 41℃ 정도로 크게 따끈따끈하지는 않다. 입구에서 바라보면 가장 끝 벽쪽에 붙어 있는 냉탕도 깊이가 그렇게 깊지 않게 만들어져 있다. 열탕은 두 개 중 하나라도 좀 더 따끈따끈한 온천수로 조성해 놓으면 보다 어른들에게 더 인기가 있지 않을까 하는 생각이 든다. 냉탕 또한 얕게 조성한 것도 물놀이하러 온 아이들을 배려하여 만들어진 것 같은 느낌이 든다.

노천탕은 생각보다 잘 조성되어 있다. 먼저 출입문이 이중으로 되어 있어 보온에 신경을 쓴 흔적이 보이고, 욕조는 히노끼(편백나무)탕, 온탕, 큰온탕 등 3개로 구성되어 있는데 2m×2m 정도 크기의 히노끼탕과 온탕은 이어져 있고, 오른편으로는 조금 거리를 두고 에어푸쉬가 설치된 큰온탕이 타원형태로 조성되어 있다.

공주온천

공주 금강온천 전경

공주 금강온천은 2001년 개장한 공주의 온천이다. 개장 당시에는 금강유황온천이라 불리었으나, 약알카리성 단순천으로서 유황 냄새는 거의 나지 않아서인지 지금은 '유황' 글자를 빼고 금강온천으로 명명하고 있다. 공주한옥마을 인근에 자리한 공주시를 대표하는 온천장으로서 규모로 보면 전국에서 단일 욕장으로서는 가장 크다고 할 수 있다.

욕장에 들어서면 큰 규모에 놀라움을 금치 못하는데, 남탕을 기준으로 말하면 욕장 한가운데에 미온탕, 온탕, 열탕이 크게 조성되어 있고, 왼편에는 세면대가 6줄 정도로 30석 정도 마련되어 있으며, 오른편에는 히노끼 사우나, 오른편 끝에는 에어푸쉬가 있는 테마탕과 냉탕이 배치되어 있다. 그리고 규모에 걸맞게 비치베드도 2~3개 놓여 있다.

온천수는 앞서 말한대로 약알칼리성 단순천으로서 매끌한 느낌이 있으며, 수질도 깨끗한 편이다. 특히, 욕장 한가운데에 있는 미온탕, 열탕, 온탕은 넓어서 혼자 앉아 있을 때면 독탕을 즐기는 듯한 기분이 들 정도이다.

공주 금강온천 입구

예산 덕산온천

덕산온천은 일제강점기인 1917년 일본인 안정(安井)에 의하여 온천이 개장되었다. 천연 중탄산나트륨 온천으로 기적의 치료제라는 게르마늄 성분이 포함되어 있으며, 근육통, 관절염, 신경통, 혈관순환 촉진, 피하지방 제거와 세포재생을 촉진시켜 주는 효능이 있어 연중 300만 명 이상의 이용객이 찾고 있다. 2022년에는 342만 명이 이용함으로써 전국 1위를 차지하기도 했다.

덕산온천지구를 나타내는 표지물

덕산온천지구 내에는 대중 온천장 여러 곳과 관광호텔, 일반호텔 등 다수의 숙박업소, 각종 음식점 등 편의시설을 갖추고 있다. 대표적인 곳은 100년 전통의 원탕 온천인 덕산온천관광호텔이었다. 이곳은 덕산온천의 젖줄로서 온천을 즐기는 관광객들의 사랑을 받았으나 최근 시설 노후화 등으로 지금은 문을 닫은 상태이다.

반면 새로운 온천시설들은 속속 개장하고 있다. 대표적인 시설은 SPLAS 온천이다. 대중온천욕장은 1,200여 명이 입욕할 수 있는 싸이판 온천이 있고, 덕산온천지구 입구에 있는 덕화온천 등이 있다.

예산 SPLAS 온천 전경

예산 싸이판온천 전경

예산 덕화온천 전경

충청권 온천 지도

능암탄산온천
도고온천
온양온천
덕산온천
아산온천
수안보온천
초정약수온천
유성온천
공주온천
당진군
태안군
서산시
아산시
천안시
진천군
음성군
충주시
제천시
단양군
증평군
괴산군
예산군
홍성군
세종시
청주시
보은군
공주시
청양군
보령시
부여군
계룡시
대전광역시
옥천군
영동군
논산시
금산군
서천군

울진 덕구온천

경상북도 울진군 북면 덕구리에 위치한 온천으로 태백산맥의 동쪽 사면 계곡에서 용출되는 온천이다. 본래 원탕은 응봉산(해발 999m) 기슭 골짜기에서 자연 용출된 온천수를 지역주민들이 이용하던 것에서 시작하였으나 이후 1980년대에 인근에서 온천수를 시추하여 개발, 원탕에서 약 4km 떨어진 계곡 입구 부근에 현대식 온천장을 건설하여 이용하고 있다. 개발 후 원탕 자체는 이용하지 않고 관로를 통해 아래쪽 리조트 등으로 공급하고 있으며, 원탕 주변에는 응봉산 정상까지 가는 등산로를 개설해 놓아 방문객들이 원탕을 구경할 수 있도록 해 놓았다.

1980년대 이전만 해도 이 동네의 교통이 워낙 불편하여 대규모 온천 시설같은 것은 아예 들어서지 못하고 인근 주민들이 손으로 돌을 쌓아 온천탕을 만들고 통나무집을 지어 노천탕 수준으로만 이용되는 수준이었다. 이 노천탕은 여름 홍수로 자주 유실되었고, 이후 원탕 주변이 워낙 좁은 관계로 시설물 설치 등 개발이 어려웠다. 그리하여 1990년대 후반 원탕에서부터 송수로를 설치하여 4km 아래인 현재의 덕구온천 리조트에 온천장을 건설하게 되었다.

덕구온천은 대한민국(남한) 내에서는 유일하게 자연용출하는 온천수이다. 다른 온천이 지하수 관정을 박아넣고 온천수를 시추하는 것과는 차이가 큰 셈이다. 1일 약 4천 톤의 온천수가 용출되며 온천수의 온도는 약 41.8℃, 수소 이온 농도(pH)는 8.9~9.0의 알칼리성 온천으로 주요 성분은 중탄산나트륨 성분과 플루오린 성분이 다량 함유된 단순천(불소온천)에 해당한다.

울진군 내 남쪽에 위치한 백암온천과 비슷한 성분 구성을 가지고 있으나 백암온천과는 달리 황화수소 성분은 검출되지 않고 있다. 그 외에도 칼륨, 칼슘, 철, 염소, 중탄산나트륨, 마그네슘, 라듐, 황산염, 탄산, 규산 등의 성분이 함유되어 있다. 덕구온천은 신경통, 류머티즘, 피부질환, 근육통, 만성피부염, 중풍, 당뇨병 등에 효과가 있으며, 특히 운동, 등산 등으로 인한 근육신경마비, 여성피부미용에 효과가 있는 것으로 알려져 있다.

덕구온천도 처음 개장 당시에는 대온천탕만 있었으나, 지금은 대온천탕과 대형물놀이장으로 나누어 운영하고 있다. 대온천탕에는 원탕으로부터 관로를 통해 공급해 온 온천수 그대로의 온탕과 이 온천수를 데워 좀 더 온도를 높힌 열탕이 있으며, 냉탕, 바가지탕 등 다양한 욕탕을 즐길 수 있으나, 대온천탕만 이용할 경우 노천탕은 없는 점이 아쉬운 점이다. 개장 당시에는 대온천탕이 노천탕을 포함하고 있었으나 대형물놀이장을 개장하면서 노천탕은 대형물놀이장 이용객만 사용할 수 있도록 바뀌었다.

울진 덕구온천 전경

덕구온천의 발견과 관련해서는 재미있는 유래가 있다. 태백산맥 동쪽에 위치한 응봉산(일명 매봉산) 아래 해발 99.8m 지점에 지금으로부터 약 600여 년 전 고려시대 말기에 활과 창에 명수인 전모(全某) 사냥꾼이 20여명의 사냥군가 함께 멧돼지를 추격하던 중 상처를 입은 멧돼지가 계곡에서 몸을 씻고 도망가던 것을 이상히 여겨 살펴보니 온천이 있었고, 이후 지역 주민들의 온천으로 사용되었다고 한다.

덕구온천의 온천수가 자연용출되는 덕구계곡은 기암괴석으로 이루어진 협곡으로 계곡이 깊고 길어 다리가 13개가 있고, 선녀탕, 마당소, 용소폭포, 용유대, 신선샘, 자연용출온천 분수대, 산신각 등 명소가 많아 볼거리도 풍부하다. 또한 자연용출온천이 있는 응봉산(일명 매봉산)은 등산 코스로도 이름나 있으며, 금강송으로 이루어진 소나무 숲길은 도시인들에게 치유와 휴양의 장소로서 충분하다고 느껴진다.

경상북도 울진군 온정면 온정리에 자리하고 있는 온천으로 기록에 따르면 신라시대부터 온천의 존재가 알려져 있었던 것으로 보인다. 《세종실록지리지》와 《동국여지승람》에는 평해온천으로 기록되었으며, 1979년 국민온천관광지로 개발되어 온천과 관련한 리조트들이 온정리와 소태리 일대에 들어서게 되었다. 이 온천의 이름인 백암은 인근의 백암산에서 유래한 것으로 온천의 기반암이 되는 화강암을 의미한다. 이 온천에 얽힌 전설로는 신라시대 한 사냥꾼이 창에 맞은 사슴을 쫓다가 놓쳤는데, 그 사슴이 온천수에서 상처를 치료하고 도망치는 것을 보고 온천을 발견하였다고 한다. 고려 현종 당시 화강암을 쌓아 온천욕탕을 만들었다는 기록이 있다.

백암온천은 중생대 화강암체 내에서 용출되는 온천으로 수온은 42℃, 수소 이온 농도(pH)는 8.8~9.5가량의 알칼리성 온천이다. 주성분은 황산염과 탄산염, 나트륨, 칼슘 등이 포함되어 있으나 양이 적은 편이며, 이외에 플루오린과 황화수소가 함유되어 있다. 현대식 온천 개발 당시만 해도 황화수소가 다량 함유되어 있어서 황화수소천으로 분류되었으나, 이후 황화수소의 함유량이 감소하여 단순천으로 분류되는 온천이다. 백암온천의 온천수는 만성피부염과 동맥경화증, 당뇨병, 신경통, 관절염, 변비, 기관지 및 간질환에 좋다고 알려져 있다. 온천시설은 원탕고려호텔과 한화리조트 백암 등에 대중탕이 있으며, 노천탕도 완비하고 있다.

울진 백암온천 원탕고려호텔 전경. 사진 출처 : 느리게 걷기 블로그

원탕고려호텔 대중탕 내부 전경. 사진 출처 : 느리게 걷기 블로그

문경종합온천

문경종합온천 전경

문경온천은 2001년 3월 개장하여 동시에 2,500여 명이 입욕할 수 있는 대형 종합온천시설이다. 지하 900m 화강암층과 석회암층 사이에서 분출한 칼슘 중탄산천과 지하 750m 화강암층에서 분출한 알칼리성 온천수를 공급하여 한 번 입장으로 두 가지 온천을 즐길 수 있는 종합온천이다. 종합온천이라는 이름은 두 가지 온천을 즐길 수 있다는 점과 실내 규모가 굉장히 넓은 의미에서 붙여진 이름인 것 같다.

이곳은 황토빛 온천물로 유명하다. 철 성분이 유독 많고 칼슘이 많이 함유된 중탄산천은 류머티즘, 만성피부염, 심장병 치료에 효과가 있고 알칼리성 온천은 상처회복, 호흡작용 촉진효과 등에 좋다고 알려져 있다. 최고 수온은 31℃ 정도로 그렇게 높은 편은 아니며, 시설이 좀 노후화된 편이다.

예천 예천온천 전경

경상북도 예천군 감천면 온천길 27에 위치하고 있는 온천이다. 예천군이 직접 수질과 온천장을 관리하고 있어 온천물도 깨끗할 뿐만 아니라, 대중교통도 비교적 편리한 편이다. 예천시외버스터미널에서 예천온천까지 하루 10회 왕복으로 버스가 운행되고 있다. 이용 요금도 저렴하다. 관광객도 있지만 군민들이 대다수 이용하다 보니 최소 경비만을 이용객들에게 부담하는 것 같다.

예천온천은 2000년 3월 24일에 개장하였다. 지하 800m에서 용출되는 원천수를 그대로 사용하며 수소 이온 농도(pH)가 8.25~9.92에 이르는 알칼리성 온천수이다. 또한 중탄산 나트륨, 염소 등 인체에 유익한 성분을 다량 함유하고 있어 피부미용에 좋은 것으로 알려져 있다.

이용시설도 훌륭하다. 남탕을 기준으로 설명하면 열탕, 온탕, 냉탕, 노천탕, 그리고 사우나 등이 갖추어져 있다. 열탕과 온탕은 맞붙어 있는데 두 군데 모두 크기가 넓어 이용객이 많아도 상당한 여유감이 있어 좋다. 냉탕은 상대적으로 조금 좁은 느낌이 있지만 차가운 물이 청량감을 더해준다. 노천탕은 실내에서 실외로 나가면 양쪽으로 두 군데 설치되어 있다. 한쪽은 열탕만 있고, 또 한쪽은 열탕과 냉탕이 위치해 있다. 노천탕의 한쪽 벽면으로는 나무들이 우거져 있어 산소가 뿜어져 나오는 느낌이 들 정도이다.

안동 학가산온천

안동 학가산온천

학가산온천은 안동시 서후면 학가산온천길 14에 위치하고 있으며, 2008년 9월 12일 개장한 온천이다. 천년 고찰 광흥사를 품에 안은 학가산의 동남쪽에 위치하며, 조선 세조 때에는 길 떠난 중앙관료나 일반인들이 여행길에 쉬어 가는 두솔원이 있던 자리이다.

온천수는 학가산 줄기 지하암반 690~940m에서 용출되는 깨끗한 수질과 하루 1,325톤의 풍부한 수량을 자랑한다. 알카리성 중탄산나트륨형 온천으로 수질이 부드럽고 온열에 의한 진정작용이 있어 특히 혈액순환,

신경통, 불면증, 피로 회복 등에 좋다고 한다.

전체 3층 높이의 단독 건물은 연면적 약 6,500㎡로 남녀 1,200여 명이 동시에 입장할 수 있는 대규모 시설을 갖추고 있다. 1층은 여탕과 안동 특산물 판매장, 식당 등이 있고, 2층은 남탕과 휴게실 등이 위치하고 있다. 온천욕장의 규모도 대단하다. 남탕의 경우 옷장이 400개, 세신대가 90개, 샤워대가 40개이며, 넓은 온천욕장으로 들어서면 욕탕 등이 좌우 대칭형으로 위치하고 있다. 천장은 자연광이 비추어져 채광이 아주 좋으며 그래서 그런지 내부가 밝다.

먼저 온천욕장 왼편으로는 온탕 2개가 나란히 위치하고 있는데, 하나는 직사각형 형태로 4m×3m, 또 다른 하나는 곡선형 ㄴ자 형태로 되어 있다. 온천수의 온도는 36~38℃이다. 가운데 사람들이 다니는 여유 공간을 두고 오른편으로는 왼편의 온탕과 대칭되게 열탕 2개가 위치하고 있다. ㄴ자를 뒤집어 놓은 형태로 4m×3m, 또 다른 하나는 곡선형 ㄴ자를 뒤집어 놓은 형태이다. 열탕의 수온은 38~40℃로 아주 뜨겁지는 않다.

온탕과 열탕 뒤편으로는 가운데 지점으로서 지름 4m 크기의 둥근 쉼터가 자리잡고 있다. 이곳으로 자연광이 내려쬐고 있어 채광이 아주 좋다. 그 뒤로는 지름 약 8m의 넓은 바데풀장이 타원 형태로 위치하고 있다. 폭포수가 좌우 2개씩 4개가 설치되어 있고, 유압시설도 왼편에 8개, 오른편에 6개 등 14개가 설치되어 있어 많은 사람들이 바데풀장을 한꺼번에 즐길 수 있다. 그리고 바데풀장 바로 뒤편으로는 둥근 형태로 지름 3m의 이벤트탕이 위치하고 있다.

입구에서 볼 때 정면 벽쪽으로는 냉탕이 11m×4m 넓이로 크게 조성되어 있으며, 왼편으로는 산소방, 참숯방 등 수면방 2개가 나란히 위치하고 있고, 오른편으로는 게르마늄, 옥, 보석 등 널찍하고 다양한 사우나 시설이 3개나 위치하고 있다. 특히 수면방에 설치된 산소공급기는 분당 8리터의 산소를 발생시켜 실내 공기를 정화하며, 탈취 · 항균 · 제습 기능을 갖추고 있어 숙면을 통해 마음의 안정을 찾고 피로를 푸는 데 도움을 준다고 한다.

끝으로 온천장 왼편 바깥에는 노천탕이 마련되어 있는데, 열탕, 온탕, 냉탕 등으로 구성되어 있다. 노천탕 출입구에서 보면 정면에 4m×3m 타원형의 열탕이 위치해 있고 오른편으로는 곡선 형태로 온탕이 위치하고 있으며, 왼편으로는 냉탕이 곡선 형태의 욕탕으로 위치하고 있다.

온천욕장 천장과 벽에는 학가산의 풍치를 배경으로 학이 날아가는 모습과 국보 제121호인 하회탈 벽화가 그려져 있으며, 노천탕에는 왼편과 오른편 벽면으로 폭포수와 야자수 그림이 벽화로 그려져 있다.

온천장 입구에는 학 모양의 조형물이 설치되어 온천을 찾아오시는 고객들에게 포토존으로 인기가 높다. 이밖에도 접견실, 일반음식점, 매점, 회의실 등 각종 편의시설을 갖추고 있으며, 건물 옥상에는 학가산과 천등산의 풍광을 조망할 수 있는 전망시설이 마련되어 있다.

학가산온천의 부지는 당초 시청 소유 부지였는데 이곳에서 온천이 발견되어 안동시가 직접 온천을 개발하게 되었으며, 운영 자체도 안동시 시설관리공단이 직접 관리하고 있다. 따라서 매월 첫째, 셋째 주 월요일마다 안동시 시설관리공단이 직접 시설을 점검하고 유지·보수한다고 하며, 입장료도 저렴하여 안동시민은 물론 많은 관광객들도 이용하고 있다.

경주 보문관광단지 일원에 조성된 온천단지이다. 2000년대 초반 한국교직원공제회가 운영하는 더케이호텔 경주, 경주조선온천호텔, 한화리조트 경주, 경주현대호텔 등 보문관광단지 내에 위치하고 있는 호텔 내 대중탕이 있으며, 대부분 노천탕, 수영장 등의 부대시설도 갖추고 있다.

더케이호텔의 경우 지하 630m에서 용출되는 100% 천연온천수로 풍부한 온천자원을 보유하고 있으며, 높은 온도와 구성암석의 용해 및 유화수소의 혼입으로 천연나트륨, 염소, 유화성분이 함유된 수소 이온 농도(pH) 9.12의 천연 알칼리성 온천으로 유명하다. 또한 경수 연화장치를 통하여 물속의 중금속과 불순물을 제거하여 피부 혈행항진, 류머티즘, 신경통, 근육통, 창상요통, 피부병, 외상휴유증, 피부 미용, 노화방지에 효험이 있는 것으로 알려져 있다.

더케이호텔 온천은 호텔 본관 건물과 별도의 별관에서 온천, 수영장, 마사지샵 등을 운영하고 있다. 별관 건물은 전체 3층 규모인데 1층은 여탕, 2층은 남탕, 3층은 수영장으로 운영하고 있다. 2층 남탕의 경우 본관과 연결다리로 이어져 있다. 먼저 남탕으로 들어가면 락카는 211개가 있고 옷장들이 널찍하게 배치되어 있다. 온천욕장으로 들어가면 벽쪽으로 샤워기가 24개, 욕장의 가운데 부분에 분수대와 함께 세신대가 76개를 설치해 놓고 있다. 입구에서 정면으로 열탕은 4m×4m, 온탕은 4m×5m의 크기로 설치되어 있으며, 그 뒤로 바데풀이 4m×17m 크기로 설치되어 있고 바로 옆에는 냉탕이 4m×5m 크기로 설치되어 있다. 그리고 입구에서 볼 때 왼편으로는 침탕이라고 하여 에어푸쉬 안마기가 4개 설치되어 있는데 공기압력이 아주 세어 지압 효과가 있는 것으로 생각된다.

노천탕으로 나가면 정면에 온탕이 4m×4m크기로 조성되어 있으며, 주위에 소나무와 백일홍 등의 나무가 심겨져 있어 운치도 뛰어나다. 노천탕 입구의 오른편으로는 폭포냉탕이 설치되어 있어 노천탕에서도 냉온욕이 가능하도록 되어 있다.

경주 더케이호텔 온천 전경

청도 용암온천은 지하 1,008m 암반에서 뿜어져 나오는 43.7℃ 천연 광천온천수로서 만성피로 회복, 면역증강 신경계통질환 및 노폐물 제거에 효과가 있다. 온천수로 즐기는 최신시설의 바데풀, 대온천탕 전체를 천연옥으로 시공하여 옥의 기로 가득한 옥대온천장, 미국 직수입의 아쿠아 테라피, 각종 테마탕 등을 갖춘 온천이다.

용암온천에는 전설이 있다고 한다. 옥황상제의 심부름으로 동해 용궁에 내려왔던 쌍용 중 한 마리가 동해 절경에 취해 여의주를 떨어뜨리고 깊은 상처를 입고 헤매던 중, 청도 가마골 골짜기에 몸을 숨기어 골짜기 앞 용천수에 몸을 씻고 큰 바위에 올라가 9일 동안 밤낮없이 덕을 쌓으며 하늘을 우러러 죄를 빌었다. 용의 지성에 감동한 하늘은 드디어 용의 승천을 허락하고, 잃어버렸던 여의주를 찾은 용은 다시 하늘을 향해 승천하게 되었다는 내용이다.

이 전설은 삼한시대 이래 구전된 것으로 추정되며, 실제로 가마골 골짜기 앞으로 '솎음샘(솟은샘)'으로 불리는 용정(龍井)이 있으며, 용이 올라가

덕을 쌓고 죄를 빌었던 바위(용바위)가 있는 골짜기를 용골이라 부르고 용바위 아래에는 사발 모양의 용소가 있다. 그리고 가마골 뒤쪽에 보이는 웅장한 산을 용이 승천한 산이라 하여 용각산이라 부르고 있다. 특히, 용바위에는 용의 발자국과 같은 흔적이 패여 있으며, 비가 오면 바위에서 용의 비늘과 비슷한 것이 번들거리는 빛을 발한다고 한다.

이 전설을 토대로 1993년부터 청도 용암온천 소유자인 정한태 씨가 온천개발에 착수하여 현재의 게르마늄 온천수를 찾는데 성공하였으며, 용이 치료하고 승천한 곳이라 하여 용암온천(龍巖溫泉)으로 명명하였다고 한다. 용암온천의 온천수는 매끌매끌하고 실내 욕탕도 다양하여 체험할 거리가 많으며, 노천탕도 있어 경관을 감상하며 온천욕을 즐길 수 있다.

청도 용암온천 전경

경북권 온천 지도

울진 덕구온천
안동 학가산온천
예천온천
문경종합온천
울진 백암온천
울진군
봉화군
영주시
문경시
예천군
영양군
안동시
영덕군
상주시
청송군
의성군
구미시
군위군
포항시
김천시
칠곡군
영천시
성주군
경산시
경주시
고령군
청도군
경주 보문온천
청도 용암온천

경상권

부산·경남권

동래온천

부산 동래온천 녹천탕 전경

부산광역시 동래구 온천동에 있는 온천이다. 전국 6대 온천으로 꼽히는 동래온천은, 옛날 상처 입은 학이 몸을 담갔다가 몸이 나아 날아가는 모습을 본 노인이 자신의 아픈 다리를 온천물에 씻어 두 발로 걷게 되었다

근대의 목욕탕
동래온천 전시 포스터

는 '백학의 전설'이 전해지며, 이때부터 온천의 역사가 시작되었다고 한다. 또한 《신증동국여지승람》에는 "온정(溫井)은 현(縣)의 북쪽으로 5리 떨어진 곳에 있다. 그 온도는 닭도 익힐 수 있을 정도이며, 병을 지닌 사람이 목욕만 하면 곧 낫는다. 신라 때에 왕이 여러 번 여기에 오고 하여 돌을 쌓고 네 모퉁이에 동주(銅柱)를 세웠는데 그 구멍이 아직까지 남아 있다."라는 기록이 있다. 이 기록으로 보아 신라 시대부터 온천으로 이용되어 왔음을 알 수 있다.

또한, 지금도 남아 있는 온정개건비(溫井改建碑)에 의하면 1691년(숙종 17년)에 돌로 두 개의 탕을 만들고 지붕을 덮었으며, 1766년(영조 42년)에 동래부사 강필리(姜必履)가 낡은 건물을 개축하였다고 한다. 1851년(철종 2년)에 목조(木槽)를 석조(石槽)로 바꾸어 지금에 이르고 있다.

수질은 약알칼리성 식염천(食鹽泉)으로 수소 이온 농도(pH)는 8.17이다. 수온은 31~63℃로서 탕 내의 수온은 40℃ 정도를 유지한다. 만성 류머티즘·관절염·신경통·말초혈액순환장애·요통·근육통·외상후유증 등에 효과가 있다. 근대적인 온천으로서의 개발은 1910년 이후 일본인들에 의하여 시작되었다. 일제강점기 일본인들은 동래의 온천에 큰 관심을 보였고, 온천장에는 여관, 음식점, 별장 등 일본인들의 휴게 공간이 들어섰다. 광복 이후, 특히 1960년대에 들어와 탕원(湯源)의 무질서한 개발이 진행

됨에 따라 1970년에는 관광지로, 1981년에는 온천지구로 지정, 고시하였다. 그리하여 지금은 탕원 개발의 억제 및 온천 자원의 영구적 활용을 위하여 보호, 관리하고 있다. 온천공은 시소유(市所有) 4호공(孔)을 중심으로 반경 70m 안에 밀집되어 있다. 온천공은 한때 40여 개에 달하였으나 현재는 20개만 남아 있고 온천공의 깊이도 초기의 5m에서 현재 130m에 이르고 있다. 1일 평균 채수량은 겨울철 성수기에 3천 톤에 이른다.

우리나라에서 가장 오래된 온천으로서 주위에는 관광호텔 등 많은 숙박 업소가 있으며, 호텔 농심에서 운영하는 허심청은 가장 규모가 크고, 휴게시설도 잘 갖추어져 있는 온천탕이다. 기존의 대중탕으로는 녹천탕, 금천탕, 현대탕, 대성탕 등이 있다. 천일탕도 있었으나 최근 신축공사에 들어간 것으로 알려져 있다.

부산 동래온천 허심청 전경

여기서 동래온천의 대중탕으로서 가장 많이 알려진 녹천탕을 소개하면, 녹천탕은 100% 천연온천수를 사용하며 전체 3층의 대중탕 건물을 운영하고 있고, 맞은편에는 녹천호텔도 운영하고 있다. 대중탕 건물의 1층은 매표소와 로비, 소규모 음식료장이 있고, 2층은 여탕, 3층은 남탕으로 구성되어 있으며 승강기도 구비되어 있다.

3층 남탕의 구조를 살펴보면 탈의실은 락카가 200여 개가 있고, 화장대는 3면에 거울이 설치되어 있으며, 옷장 락카대와 화장대 사이 공간에는 큰 평상이 놓여져 있다. 탈의실과 실내욕장을 잇는 출입구는 입구와 출구가 구분되어 있지 않고 한 개의 출입구로 운영되고 있다.

실내욕장으로 들어서면 왼편 벽면에 샤워대 8개가 설치되어 있고, 오른편으로는 세신대가 60개 설치되어 있으며, 세신대 안쪽으로는 욕장 내 휴게실이 3m×7m 크기로 마련되어 있다. 욕장 한가운데에는 열탕이 4m×3m, 온탕이 4m×4m 크기로 이어서 위치하고 있고, 열탕 난간에는 온천수를 마실 수 있도록 컵도 2개 비치해 놓고 있다.

입구 맞은편 벽쪽으로는 왼편에 냉탕이 8m×3m 크기로 넓게 위치하고 있고 냉탕 내에는 안마용 에어푸쉬가 2개 설치되어 있다. 그리고 냉탕 바로 앞에는 2m×2m의 조그만 크기로 아이스 냉탕을 설치해 두고 있다. 또한 오른편 벽쪽으로는 온탕 안마탕이 6m×3m 크기로 위치하고 있고,

안마용 에어푸쉬 6개가 허리와 발쪽으로 설치되어 있다. 그리고 입구에서 왼쪽 벽면으로는 사우나를 즐기는 분들을 위하여 게르마늄 황토방과 한방 옥돌방을 나란히 설치해 놓고 있어 다양한 즐길거리가 있는 편이다.

동래온천은 다른 온천과 달리 나의 어릴적 기억이 있어 특별히 좀 더 적어 본다. 내가 초등학교 시절 우리 가족은 부산광역시 부산진구 양정동에 살았다. 1960년대였는데 그때는 전차가 있었다. 어디서 출발하는지는 몰라도 종착역은 동래온천장이었다. 통영에 계시던 할머니께서 부산에 있던 우리집으로 오셨을 때 반드시 나들이 하는 곳은 동래온천이었다.

나도 그때 처음으로 할머니를 따라 동래온천을 갔던 기억이 있다. 동래온천의 여러 목욕탕 중에 어느 목욕탕으로 들어갔는지는 몰라도 탕 내는 그야말로 전쟁터와 같은 북새통이었다. 탈의실에서 옷을 벗고 욕탕 실내로 들어가면 먼저 수증기가 꽉 차서 앞이 보이지 않을 정도였다. 일부 사람들은 욕탕을 중심으로 욕탕가에 앉아서 때를 밀고, 나머지 사람들은 뜨거운 욕탕 안에서 때를 불리고 있었다. 앉을 수 있는 곳이 벽쪽으로는 거의 없었던 것으로 기억된다.

선친께서는 정년을 몇 년 앞두고 퇴직하신 뒤, 내가 고등학교 1학년 때 우리집은 부산진구 양정동을 떠나 지금의 금정구 장전동으로 이사를 갔다. 이때부터는 목욕을 하게 되면 거의 동래온천장으로 갔고, 1987년 직장을 가지면서 부산을 떠날 때까지 계속 동래온천을 이용한 기억이 있다.

부산 동래온천 금천탕 전경

부산 동래온천 현대탕 전경

부산 동래온천 대성탕 전경

해운대온천은 동래온천과 함께 부산의 유서 깊은 온천이다. 신라시대 해운대 구남벌 저습지 갈대밭 가운데 웅덩이가 있었는데, 여기에서 온천물이 나와 해운대 일대 온천을 '구남온천'이라 불렀다고 한다. 구남온천에 대한 소문이 퍼져 신라 진성여왕이 천연두를 치료하기 위해 찾았다는 이야기도 전해진다. 이후 해운대온천은 한참 잊혔다가 일제강점기 일본인들에 의해 다시 개발되었다.

해운대온천은 비누 거품이 잘 일지 않을 정도로 염도가 높다. 장산(萇山)의 화산지형 기반암인 안산암의 화학작용과 가까운 해운대 바닷물의 영향 때문이다. 염도가 강하지만 온천욕을 마치면 몸이 가볍고 피부가 매끄러워져 사시사철 시민과 관광객에게 사랑받고 있다. 해운대온천은 무색투명한 알칼리성으로 나트륨(Na)과 염소(Cl) 성분이 다량 함유되어 있다. 특히 라듐 성분이 적당량 섞여 있어 호르몬 분비 촉진과 노화방지에 효력이 있고, 류머티즘, 고혈압, 위장 병, 부인병과 피부병 등에 효과가 있다고 한다.

특히 해운대구청 바로 앞에 있는 '할매탕'은 오랜 역사와 좋은 수질로 유명하였는데, 작은 동네 목욕탕 규모였던 할매탕은 1930년 영업을 시작해 2006년 해운대온천센터가 들어서면서 사라졌다. 이웃 할머니들이 북적이던 "할매탕이 그립다"는 오랜 단골의 염원이 이어지자 할매탕을 인수해 해운대온천센터를 건립한 사업자가 2016년 할매탕을 복원했다. 건물은 새로 지었지만 자리와 물은 그대로다. 해운대온천센터는 대중탕으로, 할매탕은 가족탕으로 운영하고 있다.

구 할매탕인 현재의 해운대온천센터는 온천수를 지하에서 직접 끌어다 쓴다. 지자체에서 공급하는 온천수를 배분받지 않고, 직접 온천 원수를 뽑아 쓰는 목욕탕은 해운대에서 2, 3곳에 불과하다. 자가 온천공을 개발하여 지하 928m의 3개 공에서 매일 1,500여 톤의 온천수를 고객에게 공급해 항상 깨끗한 수질을 유지한다. 무려 1일 6천여 명이 입욕할 수 있는 양이라고 하며, 밤 9시에 영업을 끝마친다.

해운대온천센터는 해운대온천의 원조답게 탕에 상수돗물을 전혀 섞지 않고 온천물만 100% 넣는다. 온천 목욕탕이라도 뜨거운 온천물을 식히기 위해 차가운 상수도물을 섞거나 식은 물을 보일러로 데우기도 하지만, 이곳은 100% 온천물을 공급하기 위해 새벽에 온천물을 받아 식힌 뒤 이후 뜨거운 온천물을 조금씩 섞는다.

온천탕의 실내 규모도 굉장하다. 미온탕, 온탕, 열탕, 대포냉탕, 냉탕, 이벤트탕 등 아주 다양하고, 냉탕에는 에어푸쉬로 탕 내 안마를 즐길 수 있다. 또한 원적외선실, 황토사우나, 게르마늄사우나, 녹수정사우나 등 온천욕의 효능을 극대화할 수 있는 시설들도 다양하다.

해운대온천센터 입구에 위치한 할매탕은 가족탕으로서 대중탕인 해운대온천센터 보다 더 인기가 있다. 아이와 함께 온천을 즐기려는 젊은 부부들에게 인기가 많아 주말엔 아침 일찍 가서 대기번호를 받아야 할 정도이다.

부산 해운대온천센터 전경

해운대에는 해운대온천센터와 할매탕(가족탕) 이외에도 송도탕, 해운온천, 베니키아호텔 온천 등 대중탕이 운영되고 있는데, 송도탕은 냉탕 해수탕이 운영되고 있는 것이 특징이다.

부산 해운대온천센터 가족탕 전경

부산 해운대 송도탕 전경

전통적인 해운대온천을 벗어나 부산의 랜드마크인 해운대 센텀시티에 자리잡은 휴식공간의 온천이 있다. 바로 센텀 스파랜드인데 부산 해운대구 센텀남대로 35 신세계백화점 센텀시티점 1층에 자리잡고 있다.

부산 센텀 스파랜드 내부 전경. 출처 : 센텀 스파랜드 누리집

부산 센텀 스파랜드 내부 전경. 출처 : 센텀 스파랜드 누리집

센텀 스파랜드는 지하 1,000m에서 끌어올린 염화칼슘과 염화나트륨 성분의 천연온천수를 활용하여 18개의 온천탕, 13개의 테마 찜질방을 운영하는 대규모 온천시설이다. 1층에는 족욕탕을 비롯하여 온천탕과 한

국식 찜질방이 위치하여 있고, 중층에는 테마사우나가 위치하고 있으며, 2층에는 미학적인 공간과 휴게공간, 레스토랑과 카페 등이 위치하고 있다. 1층 13개의 찜질방은 강원도 횡성의 굴참나무 숯을 쌓아 만든 참숯방, 이천에서 가져온 황토로 만든 황토방 등을 비롯한 한국식 전통 찜질방과 세계 각국의 사우나를 콘셉트로 구성하였는데 선택하여 즐기는 재미가 쏠쏠하다.

2층 엔터테인먼트존은 한마디로 쉼터라는 느낌이 든다. 잠도 잘 수 있고, 마사지도 선택적으로 받을 수 있도록 하고 있다. 특히 여성실에는 노천탕도 근사하게 꾸며놓고 있어 즐길거리가 한가지 더 있는 셈이다. 전통적인 온천이 아닌 근래에 개발된 온천장이지만 휴식공간, 즐길거리가 많아 다소 비싼 가격을 지불하여야 한다.

부산 센텀 스파랜드 내부 전경. 출처 : 센텀 스파랜드 누리집

창녕 부곡온천

창녕 부곡온천 부곡스파디움

부곡온천은 옛날부터 가마솥처럼 생겼다고 부곡이라 불렸고, 마을(온정리)에 옴샘이라고 불렸던 뜨거운 물이 솟아나는 우물이 있다는 소문이 전국에 전해지면서 옴 환자들과 나병 환자 등 피부질환자들이 떼지어 와서 치료를 하였다 하니 부곡온천의 수질이 타 온천보다 뛰어났음을 짐작할 수 있다.

부곡온천의 생성년도는 정확히 알 수 없으나, 《동국여지승람》의 영산현조에 "온천이 현의 동남쪽 17리에 있더니 지금은 폐했다."라는 기록이 있어 오래전부터 부곡에 온천이 없었음을 알 수 있고, 《동국통감》의 〈고려기〉에도 "영산온정"이 기록되어 있어 고려시대 이전부터 자연 분출되어 오늘에 이어진 것으로 전해진다. 지금의 온천이 개발된 것은 고(故) 신현택 옹께서 부곡면 거문리에 겨울눈이 바로 녹고 물이 따뜻하여 한겨울에도 빨래를 할 수 있는 샘물이 있다는 소문을 듣고 1972년 6월부터 온천 굴착을 시작하여, 1972년 12월 28일 지하 63m지점에서 온천수가 솟아오른 것으로부터 시작된다.

창녕 부곡온천 로얄관광호텔

1977년 국민관광지로 지정되었고, 1981년 온천지구지정, 1997년 관광특구로 지정 고시되어 오늘에 이르고 있다. 온천지 유래를 적은 기념비

(1995. 9. 23.)가 원탕고운호텔 옆에 서 있다. 창녕군 부곡면에 위치한 온천으로 한때 이국적인 물놀이 시설의 대명사였던 '부곡하와이'가 있었던 곳이다. 수질은 약알칼리성 유황온천으로 최고 수온은 78℃로 국내에서 가장 뜨거운 편이며 물이 매끄러워 피부질환, 신경통, 부인병에 효과가 있다고 알려져 있다. 지금은 부곡스파디움따오기호텔, 로얄관광호텔, 레인보우호텔 등 숙박업소에 대온천장이 있으며, 평일 1만 명, 휴일 2만여 명으로 연간 400만 명 정도의 관광객이 찾고 있다. 온천 이용객 수용 능력은 하루 2만 명에 이를 정도로 규모가 크다.

창녕 부곡 레인보우호텔

1979년 창녕군 부곡면 부곡온천관광특구에 개장한 부곡하와이는 우리나라 온천 리조트 대명사였으나, 개장 30년을 넘기면서 시설이 낡아지고, 곳곳에 젊은이들 취향을 살린 대형 물놀이장까지 생기면서 부곡하와이는 내리막길을 걸으며 적자가 쌓였고, 마침내 문을 연 지 38년 만인 2017년 5월 29일 문을 닫았다. 나도 30~40대에는 처갓집이 창녕군에 있어서 부곡하와이를 자주 이용하고 온천과 수영도 하였는데 아쉬운 마음이 든다.

그러나 부곡하와이 폐업이 지역 온천업계에 남긴 뜻하지 않은 선물이 있다. 온천수를 가장 많이 끌어쓰던 부곡하와이가 문을 닫자 온천수 수량이 풍부해진 것이다. 부곡하와이가 영업 당시 부곡온천관광특구는 하루에 4천 톤 정도의 온천물을 썼는데, 이 중 1천 톤 이상을 부곡하와이 한 곳이 쓸 정도로 온천수 사용량이 많았다. 부곡하와이 폐업 후 특구에서 사용하는 온천수는 하루에 3천 톤 정도로 줄었다. 하루 3천 톤 온천수를 부곡온천관광특구 26개 호텔·모텔에서 나눠 쓰고 있다.

거창 가조온천

거창 가조면 백두산천지온천 전경

가조온천은 거창군 가조면에 위치하고 있으며, 1987년 온천지역으로 고시하여 지금 현재는 백두산 천지온천만 개장하여 대중 온천으로 영업 중에 있다. 가조온천의 수온은 26.5℃이고, 강알칼리성(수소 이온 농도인 pH값은 9.7) 단순천으로 물이 매끄럽고 부드러워 국내 어느 곳보다 수질이 좋다.

이곳에서 매일 온천욕을 하는 사람들은 피부습진이나 무좀에 치료 효과가 있으며 여성들의 기미 방지에도 효과가 좋다고 말한다. 하루 5천 톤 정도 퍼 올릴 수 있는 가조온천의 온천물에는 유황 성분이 많아 노화방지와 성인병 예방에 효과가 있는 것으로 알려졌으며, 불소성분도 많이 녹아 있어 치아가 나쁜 사람에게 도움이 되기도 한다.

물이 매우 매끄럽고 부드러운 편인 가조온천물에 오래 담그면 산성화된 몸을 바꾸는 체질개선 효과도 기대할 수 있으며 피부미용이나 관절염, 타박상, 신경통 등에도 효능이 있는 것으로 알려져 있다.

가조온천은 국내 유일 강알칼리성 단순천이며 한방사우나(진흙사우나), 옥사우나 그리고 야외노천탕으로 구성되어 있다. 매끄럽기로 본다면 내가 경험해 본 국내 온천 중에서 가조온천이 가장 매끄럽다고 느꼈다. 주변에 미녀봉, 비계산, 보해산 등의 등반 코스가 있어 즐길거리도 많은 편이다.

창원 마금산온천

창원 마금산원탕보양온천

마금산온천은 경남 창원시 의창구 북면에 위치한 온천으로서 조선《세종실록지리지》(1453년)와《동국여지승람》(1481년)을 비롯한 역사서에 기록이 남아 있을 정도로 역사 깊은 온천이다. 일제강점기인 1927년 마산 도립병원장 도꾸나가 원장이 역사적 기록을 통해 현 마금산원탕 보양온천 자리에 현대식으로 시추 개발하였다.

마금산 온천수의 수온은 최고온도 58℃, 평균온도 52℃이며 수질은 특히 염소(Cl), 황산칼슘($CaSO_4$), 황산나트륨(Na_2SO_4), 칼륨(K), 실리카 등이 함유된 약알카리성 실리카온천으로서 근육통, 재활 만성피로, 피부미용, 아토피 피부염, 상처치료, 신경관절 잠수병, 부인병 등에 효과가 있는 것으로 알려져 있다.

마금산온천은 온천지구로 지정되어 지금은 온천지구 내에 마금산원탕 보양온천, 천마온천, 우성온천, 하니온천, 신촌온천, 북면황토방온천, 피노온천, 자연온천 등 8개의 온천장이 운영되고 있으며, 대부분 각각의 온천공을 소유하고 있다고 한다. 이들 온천장 중 자연온천은 가족탕으로만 운영되고 있고 온천수가 가장 뜨거운 것으로 알려져 있으며, 천마온천은 노천탕도 갖추고 있다. 그 외 하니온천, 피노온천, 신천온천 등은 대중탕과 함께 숙박업을 함께 운영하고 있다.

이들 대중탕 중 마금산원탕 보양온천은 2015년 경상남도 최초로 행정자치부 인증 보양온천으로 승인되어 마금산원탕 보양온천으로 지정되었다. 마금산원탕 보양온천의 남탕은 2층에 위치하고 있으며, 여탕은 로비에서 지하로 내려가지만 사실상 1층에 위치하고 있다고 보면 된다. 건물 자체가 높은 지대에 위치하고 있기 때문이다.

우선 단일 온천욕장으로는 규모가 대단하다. 옷장이 391개가 있고, 세신대가 78개, 샤워대는 14개가 있다. 입구로 들어가면 왼편으로 온천탕들이 ㄱ자 형태로 이어져 있는데 가운데에 온탕이 자리잡고 있다. 온탕은 4m×6m크기로 널찍하고 온천수의 온도는 40℃에 이르고 있으며, 온탕 내에도 유압시설이 8개가 갖추어져 있다. 타 온천의 경우 열탕의 수온이 통상 40℃정도이지만 이곳에서는 온탕이 40℃로 유지되고 있다.

열탕은 온탕과 나란히 이어져서 3m×2m로 자리잡고 있는데 이곳의 수온은 46℃에 이르고 있다. 깨끗한 온천수로 냉온탕을 즐기기에 최적의 온도인 것 같았다. 열탕 바로 옆에는 안마탕이 자리잡고 있다. 안마탕는 3m×1.5m 크기인데 탕 내부에는 유압시설 3개가 갖추어져 있다. 유압시설은 공기압력이 세어 안마 효과가 있는 것 같아 좋았지만 지탱할 수 있는 손잡이 등이 없어 자꾸 미끄러지는 바람에 그 점이 아쉬웠다. 온탕과 이어져 있는 또 다른 2개의 탕은 한방탕과 이벤트탕이다. 두 온천탕 모두 3m×2m 크기로 위치하고 있다.

맞은편 벽면으로는 바데풀장과 냉탕이 조성되어 있다. 바데풀장은 4m×6m 크기로 조성되어 있고 6개의 에어푸쉬가 갖추어져 있다. 에어푸쉬는 발바닥, 종아리, 허벅지, 허리, 어깨 등 다양하게 설치되어 있어 신체의 다양한 부위를 안마하기에 좋으며, 에어푸쉬 뿐만 아니라 낙수시설까지 갖추어져 있어 물안마도 즐기기에 아주 좋다는 생각이 들었다. 바데풀장도 안마탕과 마찬가지로 공기압력이 아주 강하여 안마 효과가 대단하다는 것을 느낄 수 있지만 지탱할 수 있는 손잡이나 지지대가 없어 아쉬운 마음이 들었다. 바데풀과 이어져 있는 냉탕도 4m×4m 크기로 조성되어 있으며, 냉탕의 왼편으로는 사우나 시설과 수면실도 함께 갖추어져 있어 목욕중 쉴 수도 있게 되어 있다.

창원 마금산 자연온천

부산·경남권 온천 지도

거창 가조온천
창녕 부곡온천
창원 마금산온천
동래온천
해운대온천
거창군
함양군
합천군
창녕군
밀양시
의령군
산청군
양산시
함안군
김해시
진주시
창원시
부산광역시
하동군
사천시
고성군
동영시
거제시
남해군

호남권

순천 낙안온천

낙안온천은 전남 순천시 낙안읍 조정래로에 위치하고 있으며, 금전산 중턱에 자리잡고 있다. 지하 830m에서 분출되는 알카리성 100% 청정 온천수를 사용하고 있다. 온천수의 특징은 중탄산나트륨과 항암작용과 노폐물을 제거시키는 데 도움을 주는 게르마늄, 피부질환치료에 도움을 주는 유황, 칼슘 등 13가지 이상의 피부에 유익한 광물질들이 함유되어 있으며 온천수가 매끌매끌하고 부드럽다. 온천욕장 내에는 열탕, 온탕은 물론 냉탕 등 다양한 탕들이 갖추어져 있는데, 특히 온천녹차탕은 피부를 촉촉하게 하는 것으로 알려져 있다.

시설과 온천욕장은 다소 노후되어 있고 편의시설 등은 다소 부족하지만 오로지 온천수로만 입소문을 탄 곳이다. 낙안온천은 순천시 외곽에 위치하고 있음에도 실내 욕탕 규모도 제법 크다. 동네 목욕탕같은 느낌이 들고 대중교통도 불편하지만 온천수만은 좋다는 평가 때문에 많은 사람들이 찾고 있다. 어떤 정수시설도 사용하지 않은 자연 그대로의 천연 온천수를 100% 제공한다. 주말의 경우에는 깨끗하고 쾌적한 온천을 즐기기 위해서는 일찍 가는 것이 좋다.

순천 낙안온천 전경

구례 지리산온천

구례 지리산온천랜드 전경. 출처 : 구례군청 누리집

지리산온천은 전남 구례군 산동면 지리산온천로에 위치하고 있으며, 지리산 만복대와 노고단을 바라보며 온천욕을 즐길 수 있는 곳이다. 지리산 온천수는 게르마늄과 탄산나트륨이 다량 함유되어 있어 피부병, 신경통, 관절염, 당뇨병 등 성인병에 효과가 있는 것으로 알려져 있으며, 순수 천연 온천수로 게르마늄 등이 다량 함유되어 있다고 한다.

지리산온천은 지리산온천랜드가 가장 큰 규모를 자랑하고 있다. 3천 명이 동시에 온천욕을 즐길 수 있는 대온천탕, 노천테마파크, 찜질방 등이 갖추어져 있으며, 인근에 숙박시설, 음식점, 나들이장터 등 온천관광 단지가 있다.

지리산온천랜드는 명산 지리산에서 솟아나는 온천수도 일품이지만 노천탕에서 바라보는 풍경이 단연 최고이다. 자연석으로 만들어진 폭포와 기암괴석에 둘러싸인 노천탕은 멋진 절경을 자랑한다. 시설이 오래된 탓에 노후화된 시설은 일부 감수해야 한다.지리산온천랜드 외에도 더케이 지리산가족호텔, 로얄관광호텔 등에도 대중탕이 있다.

담양온천

담양온천 전경. 출처 : 담양군청 누리집

담양온천은 전남 담양 담양리조트 내에 위치하고 있으며, 온천수에는 게르마늄, 스트론튬, 황산이온, 칼슘, 리튬 등 20여 종의 몸에 좋은 물질을 함유하고 있다. 특히 게르마늄은 인체내 50억 개의 혈관을 통해 산소를 풍부히 공급하여 세포를 활성화시키고, 피를 맑게 해주며 인체의 면역체계를 증가시켜주는 원소이다.

또한 지하 1,100m 온천수에서 추출되는 스트론튬은 전국 평균치에 대비 ㎖/g당 3.4배나 많아 현대인의 스트레스를 해소시키며 뇌속 신경전달 체계에 영향을 미쳐 뇌졸중 환자나 뇌막의 감염성질환, 말초신경, 외상후유증, 척추막염증, 신경쇠약, 관절염, 피부 등에 효과가 있다고 한다.

대온탕은 물론 노천탕, 바가지탕, 죽조액탕 등 각종 이벤트탕이 있고, 대나무 참숯사우나도 있어 담양 대나무의 참맛을 여기서도 느낄 수 있다.

제주권

제주 산방산 탄산온천

산방산 온천은 삼도(三島 : 마라도, 가파도, 형제도), 오산(五山 : 한라산, 산방산, 군산, 송악산, 단산)의 중심에 위치한 제주 최초의 대중온천이며, 국내에서도 희귀한 탄산온천이다. 2004년 5월 사계온천원보호지구(제주도 고시 제2004-12호)로 지정, 2005년 3월 부지면적 11,111㎡에 건축면적 1,000여 평, 동시 수용 1,000명이 가능한 대중온천장 산방산온천원탕 '구명수(鳩鳴水, 비둘기 울음소리가 나는 물)'를 개장하였다. 예로부터 탄산온천은 심장천으로 알려져 있는데, 이는 탄산가스가 피부로부터 흡수되면서 모세혈관을 자극하여 혈관을 확장시켜 혈행을 좋게함으로써 혈압을 내리고 심장의 부담을 줄여주기 때문이다.

산방산 탄산온천을 구명수(鳩鳴水)라고 하는 것에는 유래가 있다. 언제인지는 몰라도 아득한 옛날 이 지역에 괴질이 번지고 있었는데, 치료 방법을 몰라 고민하던 대정현감의 꿈길에 백발노인이 나타나 박쥐 깃털 자락에 명약이 있음을 가르쳐 주었다고 한다. 그 박쥐를 찾아다니던 현감은 마침내, 석양에 붉게 날아오르는 박쥐 한 마리를 보았다는데, 눈앞에 보이는 단산(簞山)의 형상이 바로 그것이었다. "이곳이다" 하고 칼을 꽂자마자 땅속에서 물이 펑펑 솟아올랐고, 주민들이 그 물을 마시고 목욕을 하자 그 오랜 병마가 씻은 듯 사라졌다는 이야기이다.

산방산탄산온천은 유리탄산과 중탄산이온, 나트륨 등의 주요 성분이 국내의 타 온천들에 비해 5배 이상 함유되어 있다. 이 탄산 온천에서 목욕을 하면 피부 미용에 도움을 주고, 피로 회복에도 좋아, 제주 여행을 하며 쌓인 여독을 풀기에 안성맞춤이다. 내부의 유리로 설계된 실내탕과 외부 노천탕까지 있어, 산방산과 제주 푸른 바다를 보며 입욕을 즐기기 좋다. 실내에는 미온탕, 온탕, 열탕, 이벤트탕, 탄산원탕 등과 사우나가 있고 아주 넓으나, 휴일에는 복잡한 편이다.

제주 서귀포 산방산 탄산온천 전경

제주 서귀포 호근온천

제주 서귀포 호근동 아라고나이트 온천 내부

2001년 제주도 서귀포 북쪽 호근동에서 발견된 온천으로서 일명 아라고나이트(Aragonite) 고온천이라고 하는데 온천수가 뽀얀 우윳빛을 띠는 것이 매력적이다.

아라고나이트는 스페인 중북부에 있는 아라곤(Aragon)의 외곽 지명에서 유래되었고, '잘게 나누어진 광물'이란 의미로 주성분은 탄산칼슘($CaCO_3$)이라고 한다. 수 억년 전에 형성되어 300만 년 전에 모양을 갖춘 지하 화강암 위에 순수한 물이 유입되어 형성되었다고 한다. 이 온천은 2,001.3m에서 용출되며 토출온도는 약 42℃로서 고온 온천으로 분류되고 있으며, 국내에서 최고 심도의 온천수이다.

성분은 온천의 꽃이라고 불리는 아라고나이트 성분을 비롯하여 칼슘(Ca), 마그네슘(Mg), 칼륨(K), 실리카(SiO_2), 나트륨(Na), 철(Fe), 망간(Mn), 아연(Zn), 게르마늄(Ge), 스트론티움(Sr), 붕소(B), 염소(Cl), 유황 성분 등이 함유되어 있으며, 약알칼성 온천수이다. 숙성 과정에서 투명한 맑은 물이 변화되어 만들어낸 독특한 우유 빛깔의 고온천수는 무난하고 감촉이 깨끗하며, 칼슘이나 이산화탄소를 풍부하게 녹여 내고 있어 목욕 뒤에 한기가 적고 신진대사를 원활히 하여 각종 질병 예방 및 치유에 탁월한 효능이 있는 것으로 평가받고 있다.

나는 일본 히로시마시를 여행할 때 우지나천연온천(宇品天然溫泉)을 이용한 적이 있는데 여기서도 아라고나이트 성분이 함유되어 있는 온천욕탕을 경험한 적이 있다. 실내에 조성되어 있는 온천탕 중 하나가 아라고나이트 성분의 온천탕이었다. 온천수가 아주 매끄럽고 피부에 좋다는 것을 실감할 수 있었다.

서귀포 호근온천은 실내 온천탕이 모두 3개로 아담하게 조성되어 있다. 아라고나이트 온천수로 조성된 온탕, 열탕과 그리고 냉탕이 벽면으로 이어서 조성으로 되어 있으며 맞은편에는 개인 세신대가 10여 개 설치되어 있다. 노천탕은 실내 온천탕과는 분리되어 수영장 옆 야외에 2개의 탕으로 조성되어 있으며, 주변 나무들과 함께 풍광이 뛰어나다. 남녀 공용으로서 수영복을 입고 들어가야 한다.

온천탕과 노천탕, 수영장은 디아넥스 호텔 1층에 위치하고 있으며, 다 함께 이용할 수 있는 입장권을 구입하여야 하므로 다소 비싸게 이용하여야 하는 게 흠이라면 흠이다.

제주 서귀포 호근동 아라고나이트 온천 노천탕

일본 히로시마시 우지나 천연온천

호남·제주권 온천 지도

담양온천
구례 지리산온천
순천 낙안온천
영광군
장성군
담양군
곡성군
구례군
함평군
나주시
화순군
순천시
광양시
무안군
목포시
신안군
영암군
장흥군
보성군
여수시
강진군
고흥군
해남군
진도군
완도군

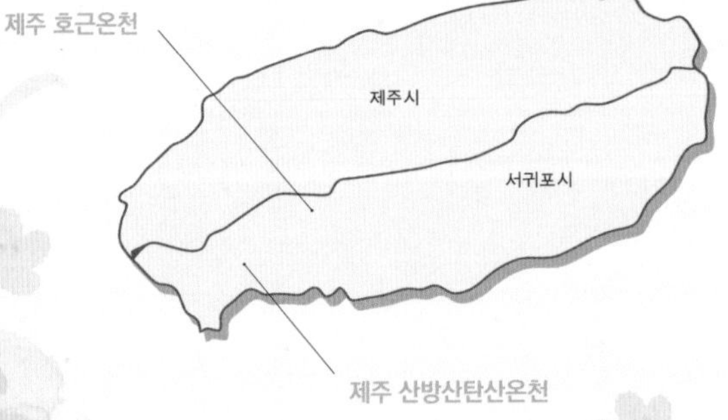
제주 호근온천
제주시
서귀포시
제주 산방산탄산온천

02

온천과 목욕 이야기

물의 진리

탈레스는 B.C 624년에 출생하여 B.C 545년에 사망한 철학자이다. 고대 그리스 식민지인 소아시아의 이오니아 지방의 도시 밀레토스 사람으로서 최초의 유물론 학파인 밀레토스학파의 시조이다. 그는 기하학, 천문학에 정통하여 B.C 585~584년 당시의 일식을 예언하였다고 전해지며, 정치활동도 하였다. 그 당시 이오니아 지방은 그리스 식민지로서 공업이 발달하였고, 그와 같은 환경은 이오니아 자연철학이라는 세계관을 발생시켰다.

탈레스

그는 세계를 구성하는 자연적 물질의 근원을 밝힌 최초의 사람으로, 그것을 '물(水)'이라 하였다. 이 물은 경험적으로 파악된 물질적 질료이며,

스스로의 변화에 의해 다양한 만물을 형성한다. 이 학설은 자연과 그 다양성을 자연 그 자체로부터 설명하고자 한 유물론의 입장으로 지적 탐구를 통해 전체로서의 세계를 하나의 실체로부터 통일적으로 이해하고자 한 점에서 종교적 설명과는 다른 철학적 세계관의 발생을 보여주고 있다. 이 점에서 그는 유럽 철학의 시조가 되었다.

고대 그리스 철학자로서 "너 자신을 알라"라는 말로 우리에게 가장 많이 알려진 소크라테스(B.C 470~B.C 399)는 그리스 유물론적인 자연철학에 대립하여 영혼에 대해 깊게 생각하면서 삶의 온당한 방법을 아는 것이 지식의 목적이라 하였다. 그러나 3세기 전반의 그리스 철학가인 디오게네스 라에르티오스는 소크라테스 보다도 먼저 탈레스가 "이 세상에서 가장 어려운 일은 바로 자기 자신을 아는 것이다"라고 말하였다고 주장한다. 탈레스는 그가 말하는 만물의 근원인 물에서 이와 같은 큰 철학을 깨우쳤을 것이라 생각된다.

일찍이 노자도 인생을 살아가는 데 최상의 방법은 물처럼 사는 것이라고 역설하였다. 무서운 힘을 가지고 있으면서도 아래로만 흐르는 겸손하고 유연하며 부드러운 물의 진리를 배우라는 것이다.

첫째로 물은 유연하다. 물은 네모진 곳에 담으면 네모진 모양이 되고, 세모진 그릇에 담으면 세모진 모양이 된다. 이처럼 물은 어느 상황에서나 본질이 변하지 않으면서 순응한다.《손자병법》에서 나오는 가장 중요한 병법 중 하나인 응형무궁(應形無窮)을 보여주는 가장 좋은 사례가 바로 물인 것이다.

둘째, 물은 무서운 힘을 가지고 있다. 물은 평상시에는 골이진 곳을 따라 흐르며 벼 이삭을 키우고 목마른 동식물들의 갈증을 풀어준다. 그러나 한 번 용트림하면 바위를 부수고 산까지 무너뜨릴 정도로 무스운 존재이다. 우리가 무서워하는 불(火)은 물로 끌 수 있지만 물은 불(火)로 다스릴 수 없는 것이다.

셋째, 물은 낮은 곳으로 흐른다. 항상 낮은 곳으로만 흐른다. 낮은 곳으로 낮은 곳으로 흐르다가 물이 마침내 도달하는 곳은 드넓은 바다이다. 사람도 물과 같이 모나지 않고 유연하게 다양한 사람을 너그럽게 포용하고 정의앞에 주저하지 말고 용기있게 대처하며, 잘익은 벼가 고개를 숙이는 것처럼 겸손하게 자기 자신을 낮추는 현명한 삶을 살아야 한다.

온천의 속설과 상식

일반적으로 온천에 대해서는 여러 가지 속설이 있어서 제대로 온천을 이해하고 즐기는 사람이 드물다. 그 대표적인 것이 온천의 수온과 수질, 목욕 시간 등이다.

먼저 온천수의 온도가 뜨거울수록 좋다고 아는 분이 많은데 그렇지 않다. 실제로 50~80℃의 고온온천수는 양탕장에서 온도를 낮추거나 차가워진 온천수로 희석시키는 것이 일반적이며, 20℃ 정도의 낮은 저온온천수는 데워서 공급하기도 한다. 지하에서 샘솟을 때의 용출온도와 공급온도는 차이가 날 수 밖에 없다. 따라서 온천수를 데우거나 온천수가 식으면 온천효과가 낮아지지 않는가 하는 우려는 하지 않는 것이 좋다. 온천은 수온보다 어떤 성분을 얼마나 함유하고 있느냐가 중요하기 때문이다. 뜨거운 물이 좋다고 인식하는 것은 과거 가열장치가 흔하지 않아 온천이나 목욕탕의 열탕이 귀했던 시절의 관습에서 비롯된 것이 아닌가 전문가들은 추측하고 있다. 일반적으로 최적의 목욕 온도는 40~42℃ 정도로 알려져 있다.

온천수는 매끄러워야 좋은 온천수라고 알고 있는 분들도 많다. 알칼리 도수가 높을수록 매끄러운 성질을 나타낸다. 다시 말해서 수질 내 함유된 여러 광물질의 농도와 관계없이 성분의 알칼리성 여부에 따라 매끄러움의 정도가 달라진다. 많이 매끄럽다거나 덜 매끄럽다거나 하는 매끄러움의 정도의 차이는 온천수 성분의 알칼리성 정도에 따라 다르다는 말이다. 참고로 우리나라는 90%의 온천이 알칼리성을 가지고 있다. 이에 반해 탄산온천은 수소 이온 농도(pH)가 6.0~7.0에 이르는 약산성이다. 때는 알칼리성 온천수에서 더 잘 밀리는데 이는 우리 피부가 약산성 체질을 갖고 있기 때문이다.

온천의 의미

온천이라 함은 땅 표면에 자연용출되거나 인공적으로 착정 시추하여 끌어 올린 지하수로서 지하수의 수온이 그 지역의 연평균 기온이나 얕은 지층의 지하수 수온보다 높은 경우를 말하며, 한계온도는 나라마다 다르다.

한국에서는 수온이 25℃ 이상이면서 인체에 유해하지 않은 물을 온천으로 규정하고 있다. 일본, 남아공 등이 한국과 같이 25℃ 이상을 온천으로 규정하고 있고, 영국, 독일, 프랑스 등은 20℃ 이상, 미국은 21.1℃ 이상을 온천으로 간주하고 있다. 온천수를 보통의 물과 구별할 때 첫째가 온도가 높다는 점, 둘째가 밀도, 점성, 전기전도도 등 화학적 성질을 갖는다는 점이다.

한국 온천의 로고는 '가족, 사랑, 건강'을 형상화하여 만들어졌다. 가족 단위 관광객 수요가 증가하는 관광시장 변화 추세와 국내 온천 특성을 알맞게 살려서 2008년 6월 온천 표시를 개정하였다. 국민으로 하여금 온천을 쉽게 알아볼 수 있도록 온천탕을 바탕으로 안에서 편안하게 온천을 즐기고 있는 가족, 사랑, 건강을 형상화한 것이다.

개정 전의 온천 표시(♨)는 1981년 온천법이 제정되면서 공식적으로 사용해 왔으나 일반목욕탕이나 숙박업소에서도 온천 표시를 똑같이 사용함에 따라, 온천법에 의해 허가 받은 온천장(2008년 개정 당시 전국 477개 업소)을 구별하기 어려웠다. 이러한 부작용을 해소하고자 2008년 6월부터 새 표시로 바뀌었고, 따라서 2008년 6월부터 온천 이용 허가를 받지 않은 업소에서는 새로운 온천 표시를 사용할 수 없게 되었다.

온천 표시를 무단으로 사용하거나 이와 유사한 표시를 사용할 경우에는 온천법 제32조에 따라 2년 이하의 징역 또는 일천만 원 이하의 벌금형을 받을 수 있다. 지금은 로고만 보고도 온천인지 일반목욕탕인지 구별할 수 있게 되어 국민건강증진과 온천을 통한 관광활성화에도 기여할 것으로 기대된다.

2008년 6월 이전

2008년 6월 이후

한국에서는 또한 온천법상 보양온천을 지정할 수 있도록 하고 있는데, 온천법 제9조에서 "시·도지사는 온도·성분이 우수하고 주변환경이 양호하며 건강증진 및 심신요양에 적합하다고 인정하는 온천에 대하여는 행정안전부장관의 승인을 얻어 이를 보양온천으로 지정할 수 있다"고 규정하고 있다. 보양온천의 조건으로는 온천수의 온도가 35℃ 이상이거나, 25℃ 이상인 경우 유황·탄산 등 인체에 유익한 성분을 1,000mg/l 이상을 함유하여야 하며, 건강시설·숙박시설 및 의료시설을 갖추고, 주변환경을 쾌적하게 지속적으로 관리하여야 하는 것을 시행령으로 규정하고 있다.

이러한 보양온천을 도입한 목적은 관광·레저의 온천문화에다 휴양, 치료 및 요양 기능을 보강하여 국민건강 증진을 실현코자 하는 것으로 보이는데 대체로 온천수도 좋고 시설 규모가 크고 많은 투자가 이루어진 복합온천단지 중심으로 지정되고 있다. 현재 지정된 곳을 예를 들면 경북 덕구온천, 강원도 동해보양온천, 충남 리솜스파캐슬, 파라다이스 도고온천, 경남 마금산 원탕 보양온천, 거제도 해수온천 등인데 대부분 규모가 크고 복합물놀이 시설까지 갖추고 있다.

한국의 온천자원

한국의 온천지구는 2023년 1월 1일 기준 122개이며, 온천공보호구역은 253개소이다. 온천지구와 온천공보호구역을 합친 온천원보호구역은 375개소로서 대규모 온천개발은 축소되는 반면, 작은 규모의 온천공보호구역을 중심으로 꾸준히 개발되고 있다. 온천이용업소는 575개소로서, 이 중 목욕·숙박용이 대부분을 차지하여 93.6%이며, 그 외에는 의료시설 등으로 활용 중이다. 사용하고 있는 온천공은 560개이며, 560개중 30℃ 미만의 저온형 온천이 274개로 48.9%를 차지하고 있고, 500m 이상의 고심도 온천이 372개로 66.4%를 차지하고 있다.

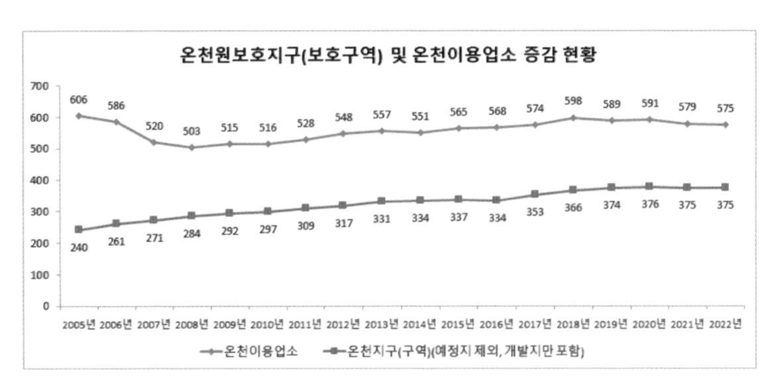

온천시설 및 관리현황 조사 결과. 행정안전부 자료

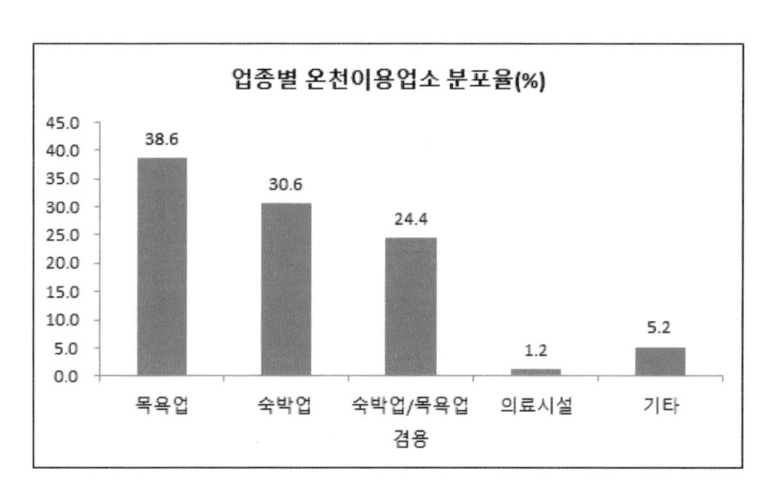

온천시설 및 관리현황 조사 결과. 행정안전부 자료

온천이용자 수는 조사가 시작된 1999년 43,738천 명 이후 꾸준히 증가하여 2015년 63,011천 명까지 증가하였다가 2016년 59,538천 명으로 감소한 이후 또 다시 증가하여 2019년 63,817천 명으로 최고 정점을 찍은 뒤 2020년 초부터 시작된 코로나19로 인하여 2020년 42,190천 명, 2021년 34,356천 명으로 크게 감소하여 이용자 수 조사 이래 최저 수준으로 하락한 것으로 조사되었다. 그러나 2022년 온천이용자 수는 4,121만명으로 코로나 19가 완화되면서 전년보다 19.9%, 685만명이 증가하였다.

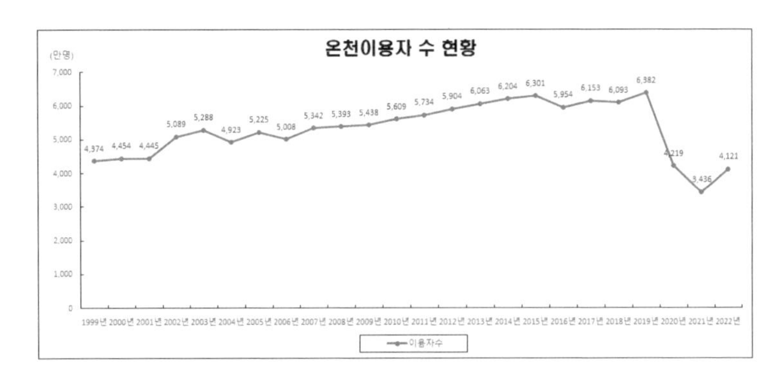

온천시설 및 관리현황 조사 결과. 행정안전부 자료

최근 지역별 온천이용자 수는 경북 765만 명, 충남 708만 명, 부산 706만 명 순으로 많았으며, 개별 지구별로는 충남 덕산이 342만 명, 경남 부곡이 264만 명, 충남 온양이 237만 명의 순이었다. 온천이용업소는 경북 98개소, 충남 79개소, 경남 69개소 순으로 많은 것으로 조사되었다.

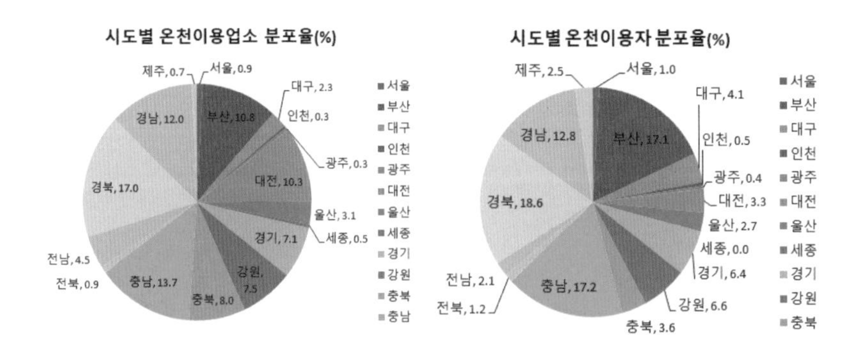

2022년 온천시설 및 관리현황 조사 결과. 행정안전부 자료

온천지구별 이용자 수는 충남 덕산이 342만 명으로 1위, 경남 부곡이 264만 명으로 2위, 충남 온양이 237만 명으로 3위, 부산 동래가 185만 명으로 4위, 경북 보문이 144만 명으로 5위, 대전 유성이 138만 명으로 6위, 부산 해운대가 129만 명으로 7위, 충북 수안보가 102만 명으로 8위, 충남 도고가 57만 명으로 9위, 부산 센텀이 55만 명으로 10위를 나타내었다.

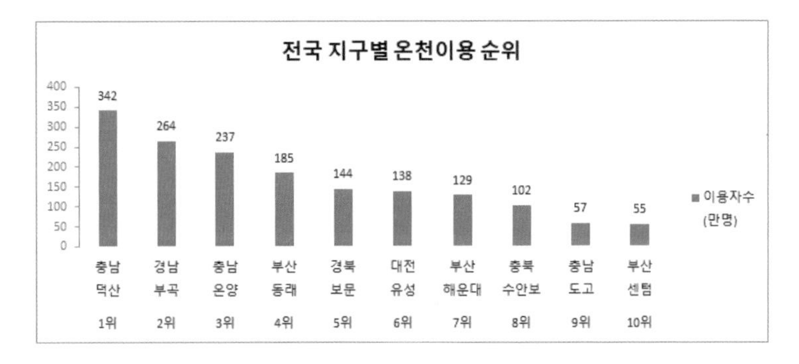

온천시설 및 관리현황 조사 결과. 행정안전부 자료

온천사용량은 2022년 조사 기준으로 일일 평균 59,706톤을 사용하였고, 이용허가량 172,506톤 대비 34.6%이다. 지역별 일일 평균 사용량은 경북이 10,713톤을 사용하여 온천수를 가장 많이 사용하는 것으로 조사되었고, 이어서 부산이 10,690톤을 사용하여 두 번째로 많이 사용하는 것으로 나타났으며, 경남은 8,424톤을 사용하여 세 번째로 많은 온천을 사용한 것으로 나타났다.

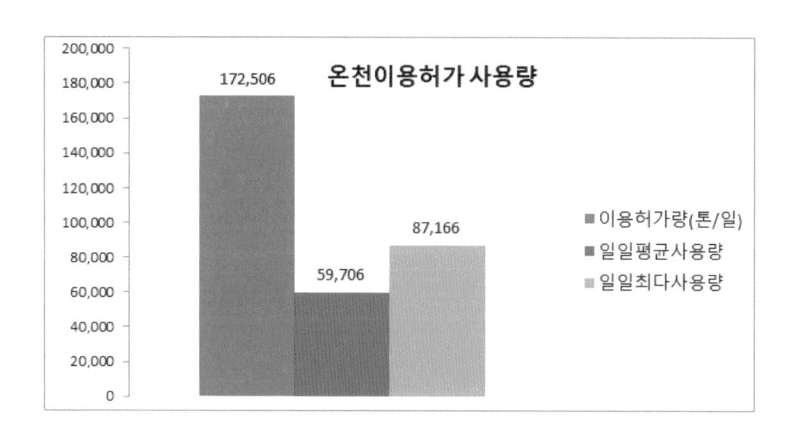

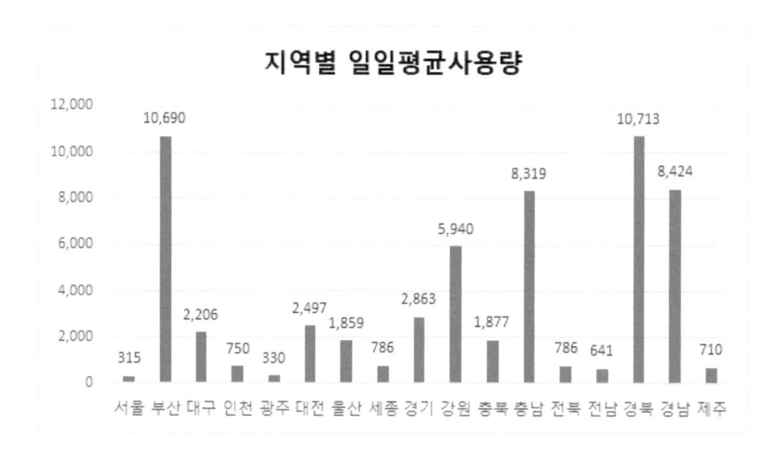

온천시설 및 관리현황 조사 결과. 행정안전부 자료

온천의 온도는 이용 중인 온천공 560개 중 25℃~30℃의 저온형 온천이 274개로 49%, 45℃ 이상의 고온형 온천이 126개로 23%를 차지하여 저온형 온천이 2배 이상 많다. 참고로 고온형 온천은 경남 부곡이

78℃, 인천 용궁 69.4℃, 부산 동래 68.1℃, 충북 수안보 53℃, 충남 온양 49.4℃ 등인데 고온형 온천의 이용 인원이 많은 것을 알 수 있다.

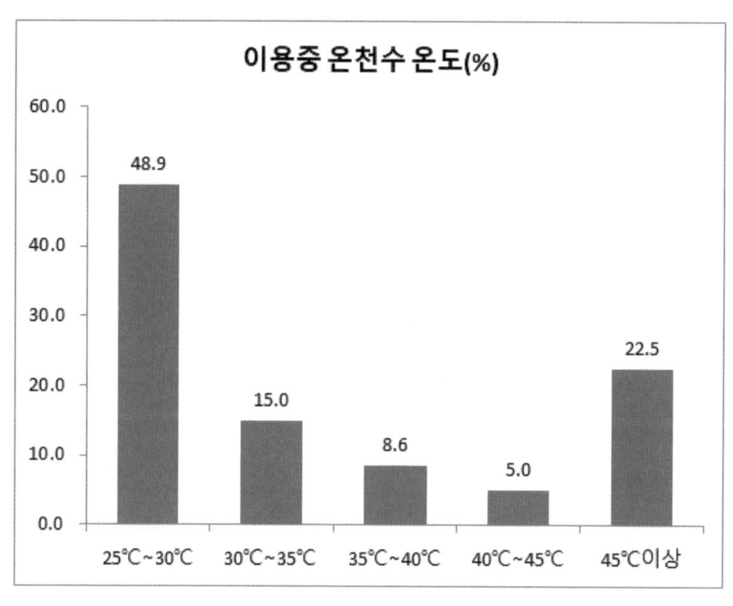

온천시설 및 관리현황 조사 결과. 행정안전부 자료

또한 온천 심도는 이용 중인 온천공 553개 중 500m 이상의 고심도 온천이 371개(67%) 이며, 500m 미만의 저심도 온천은 182개(33%)를 차지하는 것으로 조사되어 고심도 온천의 수가 2배 이상 많은 것으로 분석되었다. 참고로 최고 심도 온천은 2,003m의 제주 호근, 최저 심도는 70m의 대전 유성인 것으로 조사되었다.

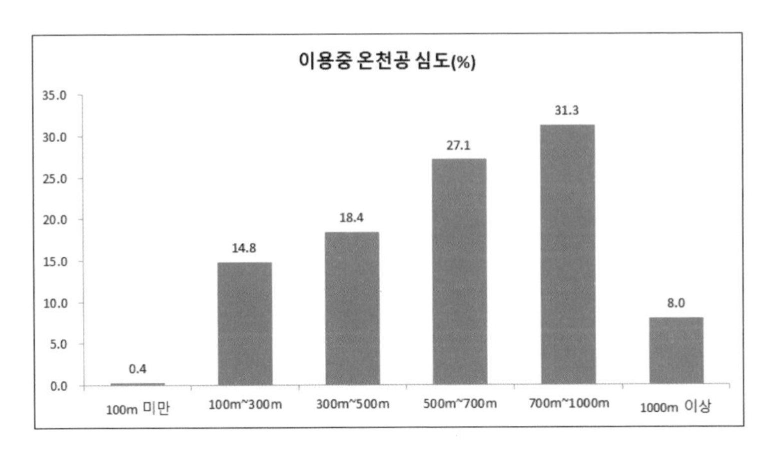

온천시설 및 관리현황 조사 결과. 행정안전부 자료

온천수의 종류

단순천

단순천은 보통의 지하수에 비해 염분이 약간 많고, 무색무취가 특징이다. 류머티즘, 신경통, 동맥경화, 만성피부염 등에 효과가 있으며, 만성위장병에 음용하기도 한다. 간혹 온천에 가 보면 온천물 분출구 옆에 컵을 달아놓은 것을 볼 수 있는데 따뜻한 물을 마시는 것만으로도 위장에는 좋기 때문에 단순 온천물을 마시는 것은 위장에 좋다. 대표적 온천으로는 덕산, 온양, 이천, 척산, 덕구온천 등을 들 수 있다

식염천

식염분이 많은 온천으로서 자극이 약하므로 노인, 아동, 병을 앓은 환자 등의 회복기에 적당하다. 몸을 데우는 작용이 강하며, 류머티스, 신경통, 창상, 만성피부염 등에 효과가 있다. 마금산, 동래, 해운대온천 등이 식염천에 해당된다.

유황천

물 1kg 중 1mg 이상의 황이 섞여 있는 광천(鑛泉)으로서, 용출 시에는 투명하지만 곧 황백색으로 변한다. 피부질환, 안질, 신경통, 무좀, 당뇨, 변비에 효과가 있으며, 특히 관절염, 근막염, 신경통 등 류머티즘성 질환

에 좋다고 알려져 있다. 대표적 온천으로는 신북, 부곡, 도고온천 등을 들 수 있다.

방사능천

라돈천 혹은 라듐천이라고도 한다. 원천 1kg 중에 라듐이 1억 분의 10mg 이상 함유되어 있는 온천물이다. 자율신경의 과민증과 고혈압, 당뇨병 등 각종 성인병에 좋은 것으로 알려져 있으며, 부인병, 정력감퇴나 갱년기 장애, 피부미용에도 좋다.

철천

철이온을 다량으로 함유한 광천(鑛泉)으로 적갈색의 침전물이 있으며, 살균력이 강한 것이 일반적이다. 노이로제, 만성 습진, 만성부인질환, 불임증 등에 효과가 있고, 폐결핵, 소화불량, 위궤양, 순환기 장애 등에는 좋지 않다.

탄산천

물 1kg 중에 유리탄산 1,000mg 이상이 함유된 온천으로 무색투명하며 사이다와 같이 톡 쏘는 맛이 난다. 이산화탄소가 피부로 흡수되어 심장의 부담을 가볍게 해 주므로 심장병에 좋은 것으로 알려져 있다. 그리고 마시면 소화를 돕고 변비나 신우염에 좋은 것으로 알려져 있다. 대표적 온천으로는 제주 산방산, 온양온천 등을 들 수 있다.

산성천

화산지역에서 용출되는 온천에 많으며, 살균력이 매우 강하다. 우리나라에서는 찾기 힘들다. 습진이나 각종 피부병에 특히 효과가 있으며, 자극이 강하므로 지나친 입욕은 몸에 좋지 않은 것으로 알려져 있다.

온천욕 효과를 제대로 보려면

온천욕을 다녀와도 별로 느낌이 없다거나 효능을 느끼지 못한다고 말하는 사람도 많다. 사람의 체질에 따라, 그리고 기분에 따라 온천에 대한 느낌은 다를 수 있지만, 온천욕을 어떻게 하는 것이 바람직한가를 알고 온천욕을 한다면 더욱 효과를 볼 수 있을 것이다. 건강한 피부를 가꾸고 안전한 목욕을 위해 도움이 되는 목욕법은 다음과 같다.

1. 먼저 물 한 컵을 마신다

온천욕을 할 때는 먼저 수분 보충을 위해 미지근한 물을 마신 뒤 입욕하는 것이 좋다. 온천욕 효과를 극대화하기 위해서는 물에 들어가기 15~20분 전에 수분을 섭취하는 것이 좋다. 입욕 전 마시는 물 한 컵은 몸속의 노폐물을 배출시키는데 도움을 주고 목욕을 통해 손실되는 수분을 보충해 주는 효과가 있다. 또 여성의 경우 목욕을 하기 전에는 꼭 화장을 지우고 하는 것이 좋다. 화장한 채로 물에 들어가게 되면 화장품이 모공을 막아 노폐물이 원활히 빠져 나가는 것을 방해하기 때문이다.

2. 샴푸와 비누 등으로 전신을 씻어준다

머리카락은 물기가 닿으면 늘어나고 손상되기 쉬우므로 목욕 전에 먼저 깨끗하게 감아주는 것이 손상을 방지하는 데 효과적이다. 또한 탕 속에 들어가기 전에 얼굴과 몸을 깨끗이 씻어야 피부의 끈적거림을 막을 수 있다. 공중탕의 경우 탕 속의 물을 깨끗이 유지하는 데도 기여할 수 있음은 물론이다.

3. 욕조에서 편안한 휴식을 취한다

욕조에 몸을 담글 때는 너무 오래 있어도 좋지 않지만 기본적으로 8~10분은 탕 속에 있는 것이 좋다. 온탕, 열탕 등 여러 종류의 탕이 있다면 저온탕부터 시작하여 고온탕으로 이동하는 것이 좋다. 가끔 몸 상태를 확인하지도 않고 바로 고온탕으로 들어가는 사람이 있는데 갑자기 뜨거운 물에 들어가면 피부에도 좋지 않을 뿐만 아니라 심장병, 고혈압, 당뇨병 등을 앓고 있는 사람의 경우에는 현기증을 일으킬 수 있으므로 특히 주의하여야 한다.

혹시 고온탕에서 정신을 잃고 물속으로 잠기는 경우에는 주변사람의 대처가 가장 중요한데 이때에는 최대한 빨리 물속에서 건져내어 욕탕 바닥에 눕히고 찬물을 발에다 계속 부어주면 정신을 차리게 된다. 물론 늦게 발견하여 물을 많이 먹은 후에 하는 조치라면 인공호흡 등의 조치도 있어야 한다.

4. 욕조 목욕은 반드시 하는 것이 좋 다

우리 몸이 욕조에 들어가면 하체의 혈액순환을 좋게 하여 세포의 건조를 막고, 따뜻한 물속에서 몸을 덥히면 혈관이 확장되어 혈액순환이 활발해진다. 또한 신장이나 폐를 통한 노폐물 배설도 촉진되어 불필요한 수분을 쉽게 몸밖으로 내보낼 수 있다. 원활한 혈액순환은 혈액 속 백혈구가 몸속을 돌아다니며 외부의 침입자를 제거하는 데 도움을 준다.

그리고 우리 몸은 근육을 키우는 것이 중요한데 근육은 노화를 방지하고 젊음을 유지하는 데 매우 중요한 역할을 하기 때문이다. 욕조 목욕은 이러한 근육운동 효과도 있다. 왜냐하면 따뜻한 물을 어깨까지 담글 때 우리 몸에는 욕조 속의 물의 무게로 상당한 부하가 가해지며 배 둘레가 줄어들 정도의 압력이 가해지는 것이다. 이러한 수압은 근육운동에도 도움이 되는 것이다.

그러나 탕에 너무 오래 있거나 너무 여러 번 하는 것은 피부나 건강에 좋지 않다. 저온탕의 경우는 10~15분 정도로 2~3회 반복하는 것이 적당하고, 고온탕은 10분 미만으로 하되, 2회 정도로 하는 것이 좋다. 스트레스가 많거나 정신적으로 피로한 사람, 그리고 성인병 환자나 노약자는 저온 온천욕을 하는 것이 좋고, 육체노동이나 운동으로 피로한 사람, 그리고 과음 후 피로를 푸려는 사람은 고온 온천욕을 하는 것이 좋다.

고온 목욕의 경우 반신욕, 족욕도 효과를 볼 수 있는데, 반신욕은 사람의 건강 상태에 따라 다르겠지만 일반적으로 배꼽까지 몸을 담그고 15분 정도 있는 것이 좋다. 입욕 후에는 충분한 휴식을 취하여야 한다.

반신욕은 나이가 많은 고혈압 환자나 협심증, 심근경색과 같은 심장질환을 앓고 있는 사람에게 추천할 만하다고 한다. 앞서 말한대로 온몸을 온탕에 담그면 배 둘레가 3~5cm 줄어들게 되는데 이는 하반신과 몸의 혈액이 심장으로 더 많이 돌아오게 되면서 부담을 주게 된다. 따라서 고령자나 심장병, 호흡기질환자들은 명치 아래까지만 잠기는 반신욕이 바람직하다. 외부에 노출된 상반신이 춥게 느껴질 때는 따뜻한 물을 상반신에 20~30초 간 끼얹어 몸을 적응시키면 된다.

족욕 또한 전신욕을 할 때 만큼 체온이 급격히 오르지 않아 몸이 약한 사람에게 부담이 없이 즐길 수 있다. 족욕은 40℃ 정도의 따뜻한 물에 20~30분 간 발을 담그는 것이 좋다. 물이 식으면 뜨거운 물을 더 보충하면서 하면 더욱 효과가 있다. 손도 따뜻한 물에 담그면 좋은데 이때는 42℃ 정도의 물에 양쪽 손목 아랫부분을 10~15분 담그면 좋다.

5. 냉온탕은 본인 몸의 상태와 취향에 맞게 하라

흔히 냉온탕이라 부르는 교대욕은 혈액순환과 노폐물 배출에 효과가 있는데, 냉탕부터 시작하여 냉탕으로 마무리해야 한다고 주장하는 사람도 있고, 온탕에서 시작하여 냉탕으로 마무리해야 한다고 주장하는 사람도 있으나, 어느 방법이 더 좋다는 실험 결과는 없다고 한다.

본인의 취향에 맞는 방법을 선택하여 냉온탕을 실시하는 것이 좋으리라 생각한다. 나의 경우에는 봄, 여름에는 냉탕부터 시작하여 냉탕으로 마무리하고 가을, 겨울에는 온탕부터 시작하여 냉탕으로 마무리하고 있다.

냉온탕 시간과 횟수에 있어서도 여러 가지 주장이 있는데 온탕에서 3분, 냉탕에서 3분을 4~5회 정도 반복하는 것이 일반적이다. 거창 가조온천지구 백두산천지온천의 욕탕 내에는 냉탕, 온탕을 각각 1분씩 10회 정도 하면 좋다고 안내하고 있기도 하다.

냉탕은 일반적으로 넓은 직사각형 모양으로 만들어놓은 경우가 대부분인데 엉덩이가 잠길 정도로 해서 긴 물속을 걷는 것은 대단한 하체 근력운동이므로 반드시 물속을 걷는 운동을 추천한다. 물론 냉탕에 담겨 있는 물의 무게가 몇십 톤에 해당하므로 욕탕에 몸을 담그고 있는 자체도 몸 전체 근력운동이 될 수 있다. 나의 경우에는 사람이 없을 경우 냉탕에 들어갔을 때마다 물속을 100보 정도 걸으며 운동한다.

6. 때를 밀 경우에는 발가락부터 민다

비누는 적게 사용하는 것이 좋다. 입욕 후 샤워할 때 비누를 가볍게 사용하고 이후에는 되도록 사용하지 않는 것이 좋다. 때를 미는 것은 일반 목욕탕에서 하고, 온천에서는 편안하고 즐거운 마음으로 온천욕을 즐기는 것이 좋다. 다만 때를 밀 경우에는 심장에서 가장 멀리 있는 발부터 때를 밀어주는 것이 바람직하다. 팔 또는 목부터 때를 미는 사람이 많은데 이 부위는 심장에 부담을 주어 피로를 빨리 오게 한다.

7. 식사 시간 직전이나 직후는 온천욕을 피하는 것이 좋다

식사 직후 입욕하면 위장에 부담을 줄 수 있고, 식사 직전 공복인 상태에서 입욕을 하면 배도 고픈 데다가 힘이 더 빠져 어지름증이 발생하는 경우가 있으므로 주의하여야 한다. 음주 후에 입욕하는 것도 당연히 피해야 한다.

8. 치료 목적의 온천욕은 1주일 이상 지속적으로 하면 좋다

피부병이나 신경통 등 병의 치료를 목적으로 하는 온천욕은 1주일 이상 지속적으로 해주면 더욱 효과를 볼 수 있다. 비염, 기관지염 등 호흡기가 좋지 않은 사람은 식염천과 유황천의 수증기를 흡입하면 좋다고도 알려져 있다. 단순천, 유황천, 탄산천 등은 따뜻한 온천물을 마시는 것도 위장 등 내장에 좋은 것으로 알려져 있고, 특히 유황천의 경우는 눈을 씻는 것도 눈을 맑게 해주는 효과를 볼 수 있다고 알려져 있다.

9. 마지막 샤워는 찬물로 한다

목욕을 하는 동안은 체온이 올라가고 피부 모공이 확장된 상태이므로 피부 탄력이 떨어져 있다. 목욕이 끝날 때 찬물로 가볍게 샤워를 하면 피부에 긴장감을 주면서 피부 탄력이 강화된다.

10. 온천욕 뒤에는 피부를 두드리며 자연건조 시키는 것이 좋다

온천욕을 마친 뒤에는 되도록 물기를 닦지 말고 피부를 가볍게 두드리면서 자연건조시키는 것이 좋다. 안마, 마사지 효과도 거두고 피부에 유익한 미네랄 성분을 많이 흡수할 수 있기 때문이다. 물론 피부가 민감하거나 연약한 경우라면 물을 닦아주고 보습제 등을 발라주는 것이 바람직하다.

11. 끝으로 물 한 컵을 마신다

목욕하는 동안 배출된 수분을 보충하기 위해 물 한 컵을 마시는 것으로 온천욕을 마무리한다.

! 기억하기

01 먼저 물 한 컵을 마셔라

02 샴푸와 비누 등으로 전신을 씻어 주라

03 저온탕에서 10분 정도 편안한 휴식을 취하라

04 냉온탕은 본인 몸의 상태와 취향에 맞게 하되, 3분씩 4~5회 하는 것이 좋다

05 때를 밀 경우에는 발가락부터 밀어라

06 식사 직후나 직전은 온천욕을 피하라

07 치료 목적으로 온천욕을 한다면 1주일 이상 지속적으로 하라

08 마지막 샤워는 찬물로 하라

09 온천욕 뒤에는 피부를 두드리며 자연건조 시켜라

10 끝으로 물 한 컵을 마시며 온천욕을 마무리하라

몸에 꼭 필요한 수분은 너무 많아도, 적어도 안 된다

피부는 우리 몸 전체에 있는 수분의 25~35%를 소유하고 있다. 약 9리터에 해당하는 수분이 들어있는 셈이다. 피부는 이 수분을 신체의 필요에 따라 조금씩 밖으로 배출한다. 정상적인 피부 감촉을 나타내기 위해서는 10~20%의 수분이 피부에 함유되어 있어야만 한다. 하지만 그 이상으로 지나치게 많으면 피부가 부풀고 들뜨서 부석부석하게 보이며, 그 이하가 되면 피부가 갈라지고 거칠어 보인다. 이러한 현상이 오래되면 피부의 보호막 기능이 떨어져서 주름이나 피부 트러블 등 부작용이 발생한다.

대부분의 여성들은 화장을 깨끗이 지우지 않으면 잡티가 생기거나 뾰루지가 생긴다고 여겨 철저하게 이중 삼중 세안을 한다. 그러나 세안을 너무 철저하게 하는 것은 오히려 피부를 고통스럽게 만드는 경우가 많다. 얼굴 피부는 그렇게 철저한 세안을 감당할 만큼 두껍지 않기 때문이다. 피부 표면은 기름기와 습기를 적당하게 유지시켜 주는 천연크림으로 덮여 있다고 보면 된다. 따라서 피부에 무리를 주어 건성 피부가 되지 않으려면 이 천연성분을 닦아내지 않는 범위 내에서 세안이 이루어져야 한다. 피부의 보호막을 유지시켜 주는 순한 비누나 폼크렌징을 사용하여야 이유가 여기에 있다.

어떤 분들은 사우나실에 들어갈 때 열기를 견디기 위해 찬물을 적신 물수건을 들고 들어가는 경우가 있는데 이것은 바람직한 방법이 아니다. 높은 온도 때문에 찬 물수건이 금세 뜨거운 물수건으로 바뀌기 때문이다. 찬 물수건 대신 마른 수건으로 얼굴과 머리를 감싸 보호하는 것이 좋다. 마른 수건에 함유된 공기가 훌륭한 단열 역할을 하므로 숨가프지 않게 편안한 사우나를 즐길 수 있다. 머리를 감은 뒤 사우나에 들어가는 것도 끓는 물에 머리를 삶는 것과 같은 좋지 않은 행동이므로 조심하여야 한다.

수영 후 더운 물로 샤워하면 피부가 거칠어진다. 수영장을 다니면서 피부가 거칠어졌다면 사람들 대부분이 그 이유를 수영장 물의 소독약 탓으로 돌리는 경우가 많은데 진짜 이유는 더운 물에 샤워하거나 온탕, 열탕에 들어가거나 사우나까지 들어가는 것 때문이다.

수영을 하고 나면 피부는 물속에 오래 담겨 있어서 피부는 각질이 부풀어 있기 때문에 조그만 물리적, 화학적 자극에도 손상되기 쉽다. 이렇게 약해진 피부에 비누칠을 하고 뜨거운 물로 헹구면 아무리 탱탱한 피부라도 곧 거칠어질 수 밖에 없다. 수영 후 온탕, 열탕, 사우나 등에 들어가는 것은 특히 삼가야 한다. 따라서 수영을 한 뒤에는 비누칠을 하더라도 가볍게 하고 미지근한 물로 샤워하는 것이 좋다. 수영 후 때를 미는 행동은 피부에 거칠게 만들기 위해 노력하는 행동과 같으므로 때를 미는 행동은 절대 하지 말고, 샤워 후에는 반드시 보습제를 발라주어야 한다.

욕조목욕은 체온상승과 신장에도 좋다

물은 흔히 생명의 근원이라고 말한다. 보통 "젊고 생기 있다"라는 말을 할 때, "메마름"이 아닌 "촉촉함"을 떠올리는 것도 같은 맥락이다. 실제로 나이가 어릴수록 체내 수분의 비율은 높아지고, 반대로 나이가 들수록 뼈와 근육에서 수분이 빠져나가 몸은 건조하고 딱딱해진다. 노인이 대개 움직임이 더디고 유연하지 못한 것이 이 때문이다.

그래서 일본의 이시하라 유미 박사는 《노화는 세포건조가 원인이다》라는 책에서 노화 방지를 위해 세포 보습의 중요성을 강조하고 있다. 그리고 그는 세포보습의 중요성과 함께 수분의 조화를 강조하고 있다. 평소에 갈증이 심하거나, 비만 오면 몸 여기저기가 불쾌하거나, 별 다른 이유없이 땀을 많이 흘리거나, 유독 하체만 비만인 경우 등의 증상은 몸 밖으로 나가야 할 불필요한 수분이 몸속에 남아 해를 끼치는 위험신호라고 진단한다. 이러한 신호는 수분이 몸 적재적소에 분포되어 있지 않고, 어느 한쪽에만 고여 있어 정작 세포 속에는 수분함량이 미달하기 때문에 나타나는 현상이며 따라서 세포보습의 중요성만큼 수분의 불균형도 경계해야 한다고 말하고 있다.

물은 인체 대사에 꼭 필요한 역할을 한다. 입을 통해 위나 장으로 흘러들어 혈액으로 운반되고 우리 몸을 이루는 약 60조 개의 세포로 흡수된다. 그런데 물은 몸을 차게 하는 성질이 있어서 체온보다 기온이 낮은 찬물을 많이 마시게 되면 위장의 온도가 내려가며 그 기능도 떨어진다. 이후에는 수분이 혈액으로 운반되지 않고 위장이나 대장 내에 그대로 고이거나 설사의 형태로 몸 밖으로 배출된다. 이는 세포보습에 있어 체온 또한 빠놓지 말아야 할 요소라는 것이다. 우리 몸은 수분과 체온(36.5℃)을 동력삼아 기능하기 때문에 체온이 낮으면 세포가 혈액의 수분을 흡수하는 능력도 떨어진다. 이런 상태에서는 수분이 세포속으로 온전히 흡수되지 못하고, 피하의 세포 사이에 고여 여러 문제를 일으킨다. 따라서 젊고 건강한 몸을 위해서는 체온을 잘 유지하여 세포내액과 세포외액의 균형이 이루어져야 한다.

몸을 덥히기 위해서 하루에 한 번은 목욕을 하는 것이 좋다. 그날의 냉기는 그날 해결하는 것이 건강에 좋다는 말이다. 체온을 올리기 위한 것이기 때문에 샤워보다는 따뜻한 물에 몸을 담그는 욕조 목욕이 좋다. 목욕물의 온도는 38~41℃의 약간 따뜻한 정도가 좋다. 너무 뜨겁게 느껴지는 42℃ 이상이 되면 혈관이 오히려 수축해 혈액 순환에 방해가 된다. 그리고 교감신경이 자극되어 몸이 흥분한다. 반대로 물 온도가 너무 낮으면 몸을 덥히는 데 아무런 도움이 되지 않는다. 몸을 덥히기 위해서라면 목욕은 전신욕보다는 반신욕이 낫다. 전신욕은 체온을 급격히 상승시키므로 체력 소모가 크고, 몸에 가해지는 수압이 크서 혈관과 림프관에 압박을 준다. 반신욕을 하면 체온이 천천히 올라가고 하반신에만 수압이 가해져서 발의 혈액을 부담없이 심장으로 올려 보낸다. 만약 체력이 약한 사람이라면 반신욕도 부담이 될 수 있으므로 이때는 발목까지만 물에 담그는 족욕이 좋다. 족욕은 복사뼈 위쪽 15~20cm까지 물을 채우는 것이 좋다. 건강을 위한 목욕 시간은 20분을 넘기지 않는 것이 좋다. 체온 1℃를 올리는 데는 목욕 10분이면 충분하다. 다만 족욕은 몸을 덥히는 데 시간이 더 오래 걸리므로 족욕은 20분 간 하는 것이 좋다.

목욕을 하는 동안에는 내 몸이 건강해지고 있다라는 긍정적인 생각을 하고 목욕 시간에 명상이나 기도를 하는 것도 정신 건강에 아주 좋다. 부드러운 음악이나 자연의 소리를 들으면서 목욕하면 마음이 안정되어 면역효과도 높아질 것이다.

체온 못지않게 중요한 것은 배출이다. 우리가 숨을 내쉬지 않고는 들이쉴 수 없는 것처럼, 혈관 속 수분을 흡수하려면 불필요한 수분을 제대로 배출하는 작업이 선행되어야 한다. 수분을 효과적으로 배출하기 위한 답은 신(腎)의 기능에 달려있다고 이시하라 유미 박사는 강조한다. 동양의학에서 신(腎)은 신장과 부신, 비뇨기를 포함하는데 특히 중요한 것이 신장이며 신장의 기능을 간과한다면 몸의 건조와 노화에 취약할 수 밖에 없다고 말한다.

그러면 신장 기능을 좋게 하려면 어떻게 하여야 하는가? 그는 하체운동과 욕조목욕을 강력히 추천한다. 걷기나 스쿼트 등으로 하체근육을 사용하면 체온이 오르고 신장으로 가는 혈액순환이 좋아져 신 기능이 좋아진다는 것이다. 또한 욕조목욕은 온열효과를 내어 혈관을 확장시켜 혈액순환을 개선하고, 신장 기능을 증대시킬 뿐만 아니라 부종 해소와 피부 보습의 효과도 준다는 것이다. 결론적으로 우리 몸의 체온을 높혀 면역력을 기르고, 몸 속 불순물을 배출하는 기능을 높이는 신장의 기능 강화를 위해 욕조목욕은 반드시 할 일이다.

목욕을 마쳤다면 따뜻한 물로 샤워를 한 뒤 물기를 닦아내고 하체의 온도를 유지하기 위하여 하의를 여러 겹 입고 양말을 신는 것이 좋다. 그리고 상의는 얇게 입는 것이 좋다. 그러면 체온이 유지되면서 혈액 순환이 더 잘 된다. 목욕의 효과를 더 높이는 방법은 아로마테라피이다. 이집트나 인도 등에서 기원전부터 사용되어 온 향기 요법인데 특정한 향기를 맡음으로써 심신을 안정시키는 원리이다. 몸 상태에 맞는 허브를 골라 사용하면 다양한 치료 효과를 얻을 수 있다.

예를 들어, 캐모마일은 진정 효과와 수면 촉진, 항박테리아, 통증 완화에 효과가 있고, 라벤더는 일반 피부질환과 피로 완화, 에키나시아는 면역력 강화, 제라늄은 피부에 영양을 주고 상처와 화상치료에 도움을 준다고 한다. 그리고 헤이플라워는 알레르기 반응 완화에, 유칼립투스는 항생 효과와 변비 해소에, 생강은 혈액순환 촉진과 체온상승에, 귤껍질은 피로 및 통증 완화와 체온상승에, 장미는 스트레스 완화와 긴장 및 불안 완화에, 바질은 우울감 완화 등에 효과가 있다고 한다.

짭짤한 재미

한국에서는 해수찜이나 해수탕이 언제 시작되었는지 정확하게 모르지만 100여 년 전부터 서해안에서 행해져 왔다 한다. 갯벌에 작은 연못을 파서 바닷물을 붓고 달군 돌을 넣어 물을 데운 뒤 거적을 적셔 몸에 두르는 방식이었다. 지금은 현대식으로 시설을 갖추고 영업을 하고 있으나 바닷물을 활용한 해수탕, 해수찜에 대한 관심도 높아지고 있다. 김포 약암홍염천, 화성 발안 식염온천, 충남 당진 암반해수탕, 전북 고창 구시포 해수찜탕, 전남 함평 해수약찜 등 바닷물을 활용한 해수탕, 해수찜 욕장들이 해안지역을 중심으로 여러 곳에서 영업하고 있다.

해수찜을 한 뒤에는 바로 민물 샤워를 하면 안 된다. 몸에 스며 들어 약발을 낼 수 있는 바닷물 속의 각종 염분과 미네랄들이 그냥 씻겨 내려가 해수찜 효과를 볼 수 없기 때문이다. 찜질 직후 해수냉탕에 들어가는 것도 자제하는 것이 좋다고 한다. 찜질로 늘어졌던 관절이 갑자기 수축되어 아플 수도 있다고 관계자는 말한다.

해안지역에는 해수를 이용한 목욕탕들도 많이 있다. 먼저 인천에 가면 주로 연안부두를 중심으로 10여 곳 있는데 지하 200m 남짓한 땅속에서 끌어울린 해수가 아토피성 피부병과 관절염 등에 특별한 효과가 있다는 입소문 때문이다. 연안부두에 해수탕이 처음 생긴 것은 1980년대 중반이다. 해수탕 관계자에 따르면 어릴 때부터 인천에 살던 사람들은 지하에서 나온 바닷물로 목욕을 하였고, 그러던 것이 주민들 소득 수준이 높아지면서 목욕탕 사업으로 본격화되었다고 한다. "무엇이 좋은지는 잘 모르지만 노인들이 와서 해수목욕을 하고 나면 물리치료가 따로 필요없다"고 말한다고 한다. 지금도 인천에는 연안부두가에 서해해수탕, 유림해수탕, 명진해수탕 등이 운영되고 있으며, 연안부두 인근에도 보석자수정해수탕, 청라해수탕, 강화초지인삼해수탕 등 해수를 이용한 목욕탕들이 성업을 하고 있다.

동래온천, 해운대온천으로 유명한 부산에도 마찬가지로 해수탕이 많이 운영되고 있다. 남포동 인근의 자갈치해수탕을 비롯하여 강서구의 명지해수탕, 오션해수탕, 부산진구의 효성해수탕, 조방해수탕, 수영구의 청송해수탕, 미역과 멸치로 유명한 기장군의 문오성해수탕, 길천해수탕, 동래구의 신호해수탕, 동래헬스해수탕, 서원해수탕, 남구의 부경해수탕, 영도구 영도해수랜드, 사하구의 씨파크해수탕 등이 있고 온천으로 유명한 해운대구에도 송도탕, 올림픽해수탕 등 해수를 이용한 목욕탕들이 영업을 하고 있다.

그 외 남해안에도 통영의 나포리해수사우나, 진우해수탕, 거제의 거제해수탕, 힐튼해수탕, 고성의 용궁해수탕 등이 있고, 서해안에도 해수를 이용한 해수목욕탕들이 인기를 끌고 있다. 특히 한려수도 국립해상공원의 미륵도에 위치한 나포리해수사우나의 해수냉탕은 워낙 넓고 길어 탕 속에 들어가면 마치 해수욕장에 온 느낌이 들 정도이며, 수질도 깨끗하게 관리하는 편이다.

전국 해안가를 중심으로 해수탕과 해수찜 영업장이 많고, 또 이러한 시설들을 많은 분들이 이용하는 것은 이용객들이 해수목욕의 효과를 경험하고 긍정적으로 평가하기 때문인 것으로 생각된다. 실제로 해수탕을 이용해 보면 바닷물의 염도가 높아 피부에 닿을 때 진득한 느낌이 드는데 이러한 것은 바닷물의 미네랄이 피부에 스며드는 효과가 아닌가 생각한다.

이러한 면에서 3면이 바다인 한국의 경우에도 국민들의 건강과 치료, 소득 및 일자리 창출 차원에서 해양헬스에 대한 더 많은 관심과 연구가 필요하다고 본다. 강원연구원 김충재, 박재형 박사가 연구한 《강원도 동해안의 해양헬스케어 추진방향》에 따르면, 프랑스, 독일, 일본 등 선진국들은 각각 다른 방식이지만 해양헬스케어센터를 잘 운영하고 있다고 한다.

이 연구서에 따르면, 프랑스는 해양요법 중심으로 재활 등 의료행위를 진행하고 있으며, 재활과 같은 의료행위는 의료보험 적용 대상이다. 해양요법은 다양할 뿐만 아니라 오랜 운영으로 체계적이며 맛사지사, 의사 등 전문인들에 의해 치유 및 치료가 행해지고 있다.

독일은 프랑스와는 다소 다른 방식의 해양헬스케어센터를 운영한다. 프랑스가 의료적 접근 중심이라면 독일은 의료를 포함한 웰니스가 중심이다. 대규모의 호텔 건물보다는 주변의 자원을 최대한 활용하는 단지 형태가 대부분이다. 해양요법시설을 포함하여 해변, 해수, 해양레저, 주변의 공원, 산책로, 식당, 숙소, 체험시설 등을 연계하고 있다.

일본은 해양심층수가 개발되면서 해양심층수 헬스케어(해양요법) 등을 도입했지만 상업적 흥행에는 한계가 있어 최근에는 일반해수를 이용하여 단순한 해양요법시설, 주민의 건강증진 차원의 시설 등이 전체적으로 확대되고 있다. 흥미로운 것은 주민의 의료비 지출을 감소시키기 위한 주민 건강증진 목적의 시설들이 늘어나고 있는 점이다. 이와 같은 시설은 수익창출보다는 주민의 건강복지 중심이고, 운영자는 자립화를 추진하지만 경영상 어려움이 있으므로 국가 및 지자체가 일부 지원해 주는 형태로 운영된다.

한국에서도 전남 신안군 증도의 태평염전에서는 천일염을 활용한 소금동굴힐링센터를 2010년부터 운영하고 있으며, 2015년에는 확장공사를 하여 온열찜질도 경험할 수 있다. 나는 개인적으로 천일염을 활용한 건강관리에 관심이 많은 편이다. 특히 조금 비싸기 하지만 천일염을 9번 구운 죽염을 좋아하여 소금 양치질은 물론, 감기 예방 등을 위하여 목가글도 하고 외부에서 술이나 식사를 한 후에는 고체죽염을 사탕처럼 녹여 먹는데 입안이 개운한 느낌이 들어 자주 사용한다.

우리나라의 천일염은 세계적 소금 브랜드인 프랑스 게랑드소금, 이태리 나폴리의 샤이염전소금보다 더 미네랄성분이 많다고 한다. 천일염은 염전에서 총 4단계를 거쳐 천일염으로 탄생한다. 생산과정을 보면 가장 먼저 저수조에 바닷물을 끌어들여 불순물을 가라 앉힌다. 다음으로 제 1증발지로 옮겨 염도를 바닷물의 염도 3도에서 8도 정도까지 끌어올린다. 3단계로 제 2증발지로 옮겨 염도를 19도까지 끌어올리게 된다. 이어서 마지막 4단계인 결정지에서 소금을 거두게 되는데 결정지에서의 소금의 염도는 약 25도 내외로 6각 결정의 보석인 천일염으로 탄생하게 된다. 바닷물을 가져다가 소금을 만들기까지는 약 2주가 걸린다. 14~15일이 걸린다는 말이다.

그런데 소금을 만드는 마지막 과정에 배치된 결정지의 바닥은 대개 세 종류로 되어 있었다. 염전용 검은 장판을 까는 방법이 첫째이고, 타일이나 옹기 파편을 촘촘히 깔아 마무리하는 방법이 둘째이며, 갯벌에 황토층을 더해 다져 만드는 방법이 셋째이다. 장판염은 태양열에 바닥이 녹으면서 원하지 않는 화학 물질이 소금에 뒤섞여 나오는 것이 흠이고, 옹기 파편이나 타일로 된 타일염은 바닥의 요철에 때가 끼는 것이 흠이라 할 수 있다. 제일 좋은 것은 말할 것도 없이 자연 그대로의 갯벌에 황토를 섞어 다진 바닥에서 생산한 이른바 토판염이다.

토판염은 장판염이나 타일염에 비해 염화나트륨 성분은 80퍼센트 내외에 불과하나 갯벌에 포함된 칼륨이나 칼슘, 각종 천연 미네랄 등이 많이 함유되어 있어 인체에 아주 유익한 천일염이다. 문제는 장판염이나 타일염에 비해 토판염은 생산량이 훨씬 적다는 점이다. 생산량은 턱없이 적음에도 자주 롤러를 돌려주어야 하기 때문에 노동력은 두 배 이상 들어간다. 우리나라의 전통적인 천일염 제조방식이었음에도 불구하고 토판염 염전이 거의 사라지고 만 것은 그 때문이다.

한국도 해양산업의 진흥을 위하여 먼저 천일염에 주목해야 한다. 개발 위주의 시대에는 소금도 생산량이 중요하였지만 이제는 양보다도 질을 중요시하는 시대가 되었다. 최근 들어 천일염이 각광받고 있는 이유도 여기에 있을 것이다. 천열염을 더 질좋은 소금으로 만들기 위해서는 천일염의 전통 제조방식을 살리고 우리의 천일염이 세계적인 소금으로 자리매김할 수 있도록 정부와 지자체가 적극 나서야 할 때가 아닌가 생각된다.

신안군 염전 모습. 출처 : 태평염전 누리집

목욕의 역사

씻는다는 것은 사람의 일상생활에서 빠질 수 없는 행위이다. 목욕은 머리를 감으며 몸을 청결하게 씻는 일을 말하는 것으로 서민들은 시냇물이나 강물에서 주로 목욕을 하였다.

고대에는 목욕이 주술성의 의례와 종교적 성격을 띠었고, 목욕과 관련된 기록 중에서도 온천과 관련된 기록은 삼국사기에 처음으로 등장한다. 《삼국사기》와 《삼국유사》의 기록으로 볼 때 삼국시대에도 온천욕을 즐겼고, 출산 등의 일이 있은 뒤에 목욕을 하여 몸을 청결히 하였고, 꼭 위생적인 이유 뿐만이 아니더라도 목욕을 통해 마음의 정결함이나 정신의 깨달음을 얻었다고 한다.

고려시대에 와서는 목욕과 온천 등에 관한 내용이 《고려사절요》 등에 자주 등장한다. 고려 충렬왕(忠烈王) 때는 공주·세자와 함께 평주(平州), 현 황해도 평산군의 온정(溫井)에 1년에 두 번이나 사냥과 온천을 갔다고 하는데 백성에 대한 징발과 취렴으로 비용을 충당하였기 때문에 주변에 사는 백성들이 괴로워하였다고 한다. 고려 충숙왕(忠肅王)은 병환이 있을 때 치료방법 중의 하나로 목욕을 하였으며, 그 장소는 절이나 온천이었다고 한다. 또한 몸의 청결한 상태를 좋아하였는지 한 달 동안 목욕하는데 소요되었던 재료와 비용이 소상히 기록되어 있다고 한다. 이런 점으로 미루어 볼 때 일부 최상층의 귀족층과 왕은 목욕을 일상적으로 한 것으로 짐작할 수 있다.

조선시대에는 목욕에 대한 기록이 《조선왕조실록》에 비교적 상세히 나타나 있는데 치료를 위한 온천욕과 기도나 의례를 위한 목욕, 일상적 목욕 등이 행하여졌다. 특히 단오절에는 청포물에 머리를 감고 계절적으로 여름이 시작되는 시점이어서 목욕을 하는 풍속이 있었다고 한다.

단오는 음력 5월 5일을 이르는 말이다. 예로부터 음양사상에서는 홀수를 양(陽)의 수라 하고, 짝수를 음(陰)의 수라 했는데 양의 수를 상서로운 수로 여겼다. 그래서 양수가 겹치는 날인 3월 3일, 5월 5일, 7월 7일, 9월 9일은 모두 홀수의 월일이 겹치는 날로 길일로 여겼다. 우리 조상들은 이런 날이면 어떤 일을 해도 탈이 생기지 않는다고 생각했으며, 그중에서 단오는 일년 중 인간이 태양신을 가까이 접할 수 있을 정도로 양기가 가장 왕성한 날이라 하여 큰 명절로 여겨왔다.

단오에 여자들은 특별히 치장을 하였는데 이를 단오장(端午粧)이라 한다. 단오장은 창포를 넣어 삶은 물로 머리를 감는 것에서 시작한다. 창포의 특이한 향기가 나쁜 귀신을 쫓으며 창포물로 머리를 감으면 머리에 윤기가 나고 머리카락이 빠지지 않는다고 믿었기 때문이다. 단오 무렵에는 여름이 시작되어 날씨가 한창 더워지기 때문에 우리 조상들은 더위를 물리치기 위해 부채를 많이 사용했고, 윗사람이 아랫사람에게 부채를 나누어 주는 풍습도 있었다고 한다.

혜원 신윤복의 〈단오풍정(端午風情)〉

온천욕은 왕을 비롯하여 일반 백성에 이르기까지 여러 사람들이 이용하였다고 한다. 특히 임금의 온천 행차는 국가적으로 큰 일이어서 《현종실록》에는 현종 6년 4월 17일에 온양온천으로 거동하였는데, 영의정, 우의정, 병조판서, 이조판서, 한성부 판윤 등을 비롯한 최상층의 신하들과 수백 명에 이르는 군인, 사냥군 등을 이끌고 갔다고 한다.

온천의 목적은 여러 가지였지만 가장 중요한 목적은 병의 치유를 위한 것이었다. 온천은 풍질(風疾)을 비롯하여 어깨가 아프거나 안질, 눈이 밝지 않음, 손 저림, 부종, 눈이 흐릿하고 깔깔함, 중풍의 마비증세, 수족마비, 종기, 습창, 부스럼, 가려움증 등에 효과가 있는 것으로 기록되어 있다. 숙종은 피부병을 치료하기 위해 수안보온천을 방문하였고, 세종은 세종 30년(1448년) 염전에 목욕간을 지어서 백성들이 치료목적으로 목욕탕을 이용할 수 있게 하였다고 한다.

대중목욕탕

19세기에 최초로 대유행한 콜레라는 아시아 모든 나라에 큰 영향을 주었다고 한다. 1816년 인도에서 시작된 콜레라는 아시아 전역으로 유행하였고, 조선에도 1821년 중국으로부터 유입되어 불과 10여 일 만에 천여 명이 사망하였다고 전해진다. 이때는 어떤 병인지 정확하게 알 수 없었으므로 괴질(怪疾)이란 이름을 사용하였다. 이후에도 콜레라는 계속되었는데 국가의 위생 정책에서 각각의 개인들에게 부과된 첫 번째 임무는 몸의 청결이었다. 병에 걸리지 않고 깨끗한 생활을 하기 위해 개인들은 자신의 몸을 깨끗하게 관리하여야 했기에 목욕이 국가적 사업의 일환으로 된 것이다. 조선에서 대한제국으로 넘어가면서 국가적 과제로 등장했던 목욕을 해결하기 위해 목욕을 하기 위한 장소인 목욕탕이 등장하기 시작하였는데 한마디로 질병을 예방하는 수단으로 목욕탕이 등장한 것이다.

1910년 일제강점기에 접어들면서 1912년에 조선총독부는 '탕옥영업취체규칙(湯屋營業取締規則)'을 만들어 목욕탕의 건립과 운영에 관한 법적 장치를 확보하였는데, 이는 우리나라의 대중목욕탕과 관련하여 만들어진 최초의 법령이라 볼 수 있다. 이 법령을 근거로 본격적인 목욕탕 개업은 대한제국 초기 일본인들을 주축으로 이루어진 것으로 보이며, 대한제국으로 건너온 일본인들에게 목욕탕은 새로운 사업으로 각광받았다.

일제강점기 초기 대중목욕탕은 국민들의 개인 위생 차원보다는 다소 돈벌이를 위한 유흥의 공간으로 바뀐 것으로 보이는데, 대중목욕탕을 이용하는 가격이 다소 고가였기 때문에 보통의 평범한 사람들은 목욕탕을 쉽게 이용할 수 없었다. 그리고 몸을 씻는 동시에 술과 음식을 함께 즐길 수 있었기 때문에 위생공간이라기보다 유흥을 즐기는 공간으로서의 의미가 강했다고 한다. 1900년부터 1930년대 초반까지는 목욕탕을 가는 사람을 '바람난 사람'으로 보거나, 목욕탕을 향락업소처럼 보는 시각이 컸다는 것이다.

이때 일본인들이 중심이 되어 본격적으로 온천목욕탕으로 개발한 대표적인 곳이 부산 동래온천이다. 동래온천은 조선시대 왜관과 가까운 곳에 있어 일본인들이 즐겨 찾았다고도 전해진다. 1896년 3포 개항으로 일본인이 이주하며 온천을 이용하는 일본인이 늘어나게 되었고, 1907년에는 도요타 후쿠타로가 온천을 스스로 굴착하여 별장인 호라이관(蓬萊館, 현 호텔 농심 위치)을 건립하기까지 하였다. 1910년 11월에는 부산진에서 연결하는 전차가 개통하여 온천장 종점까지 연결되어 접근성이 좋아졌고, 1915년에는 일본인이 운영하는 여관과 요정, 상점들이 50여 호가 넘을 정도로 크게 늘어났으며, 1919년에는 동래온천장에 욕탕 8개, 욕실 22개, 민가 100여 호가 있었다고 한다.

부산광역시 동래구 온정용문

인천 월미도에도 조탕(潮湯)이라 하여 바닷물을 이용하여 해수목욕 겸 수영을 즐길 수 있는 공간이 1923년 7월 10일에 개장하였다. 인천월미조탕은 바닷물을 끌어들여 그 물을 데워 목욕하는 조탕으로 오늘날 해수탕의 원조라고 볼 수 있다. 월미도 조탕은 남녀 욕장 뿐만 아니라 가족용 목욕장도 있었고, 수영도 즐길 수 있었다고 한다. 1938년 콜레라 보균자가 발견되면서 문을 닫았다고 하는데, 당시 조탕 입장료는 비싸서 일반 서민들은 갈 생각도 못했다고 한다.

그러다가 목욕탕이 유흥공간이라는 인식에서 대중목욕탕이라는 인식으로 바뀐 것은 1934년 경이었는데 이때부터 말 그대로 대중이 다니는 목욕탕 시대가 열렸다고 한다.

월미도 조탕 대욕장. 사진 출처 : 인천광역시 역사자료관 누리집

1945년 광복과 1950년 한국전쟁 이후 한국 인구의 폭발적인 증가와 1960년대 이후 인구의 도시 집중현상은 빈곤문제를 비롯하여 주택부족, 저임금, 교통, 환경 문제를 발생시켰다. 필연적으로 위생시설의 부족 역시 큰 문제로 등장하였는데 도시의 대중목욕탕 수가 절대적으로 부족하였고 농촌도 대중목욕탕이 없기는 마찬가지였다.

이러한 상황에서 1960년대부터 대중목욕탕이 증가하기 시작하여 1960년도에는 전국의 목욕장이 770개, 1970년에는 1,793개, 1980년에는 3,671개, 1990년에는 8,266개까지 늘어난다. 1개소당 인구가 1960년 16,749명에서 1990년 5,028명으로 줄어들 만큼 대중목욕탕이 많이 생겨난 것이다. 실제로 나의 경우에도 1970년대 초 초등학교 시절에는 목욕탕 가는 것이 설날이나 추석 등 명절을 앞두고 하는 큰 행사였고, 목욕탕에 사람들이 많아서 탕 속에 들어가는 것조차 힘들었던 기억이 난다.

대중목욕탕 실내 모습

제주도 노천 목욕탕

제주도의 노천 목욕탕은 우리가 일반적으로 알고 있는 목욕탕이나 온천의 노천탕과는 달리 제주도라는 지형과 환경에 맞게 위생 및 생활문화 공간으로의 역할을 하였다. 제주도는 화산섬으로 지표면에 물이 고이지 않고 땅속으로 스며드는 특징이 있어 논농사는 할 수 없는 곳이다. 지층 속을 흐르는 지하수는 지표와 연결된 지층이나 암석의 틈에서 솟아나오는데, 이와 같은 용천수는 산악지역과 중산간지역, 그리고 해안가 곳곳에 분포하고 있다. 제주도에는 1980년대 이전까지만 해도 상수도가 보편화되지 않아서 용천수를 식수 뿐만 아니라 생활 및 농업용수로 이용해왔다.

제주도 해안지역의 몇몇 용천수는 현재 마을 사람들과 마을을 방문한 관광객들의 노천 목욕탕으로 이용되기도 한다. 마을 사람들이 공동으로 이용한다는 점에서 대중목욕탕과 다름이 없으며, 천연자원을 이용하여 야외에서 목욕이 이루어진다는 점에서 의미가 있다. 제주도의 노천 목욕탕은 50여 개 되는데 지금도 주민들의 대중목욕탕으로서 관리되고 있는 곳이 다수 있으며, 여름 피서철이면 관광객을 위하여 개방하는 곳도 여럿 있다. 대표적인 곳으로 제주시 도두 1동에 있는 도두 오래물, 제주시 애월읍 곽지리 곽지 해수욕장에 있는 곽지 과물, 서귀포시 하예동에 있는 예래 논짓물 등이 그것이다.

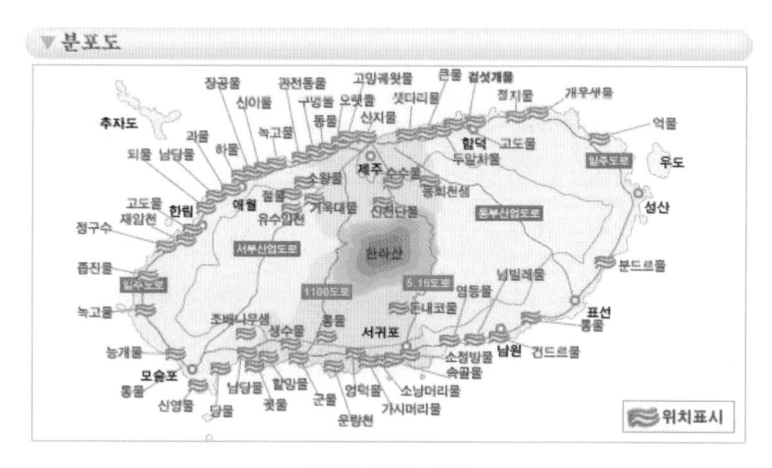

제주도 용천수 지도

특히 도두 오래물은 도두동을 상징하는 명물로 수량이 풍부하고 수질이 아주 좋다. 도두 1동 마을회 사무국장의 말에 따르면 도두 오래물은 여름에는 차갑고 겨울에는 따뜻하여 마을 사람들이 옛날부터 식수와 생활용수, 목욕용수로 사용해 왔다고 한다. 2001년부터 매년 8월 도두동 오래물 축제를 개최하여 제주도민 뿐만 아니라 관광객들도 참가하고 있다. 내가 2021년 1월 도두 오랫물을 방문하였을 때 목욕탕의 남탕과 여탕을 모두 둘러볼 기회가 있었는데 겨울철이어서 운영되고 있지는 않았지만 내부가 깨끗하게 유지되고 있었고, 외부 또한 목욕탕임을 알 수 있는 벽화 그림으로 장식되어 있어 정겨운 느낌이 들었다.

제주시 도두동 오래물 여탕 외부 모습

제주시 도두동 오래물 남탕 내부 모습

제주시 애월읍 곽지해수욕장에 있는 곽지 과물 노천탕 또한 주민들이 사용하고 있는 해안 노천탕이다. 나는 몇 년 전 여름철 곽지해수욕장에서 해수욕을 하고 몸을 헹굴 때 이곳 곽지 과물 노천탕에서 몸을 씻은 적이 있다. 물이 깨끗한 것은 물론이고 바다 바로 옆에서 몸을 씻을 수 있어 상쾌한 느낌이 들었다. 지금도 여름철 곽지해수욕장 개장 시에는 관광객을 위하여 개방하고 있으니 제주도를 여름철에 방문하게 되면 꼭 이용해 볼 것을 권하고 싶다.

제주시 애월읍 곽지 과물 노천탕 외부 모습

애월읍 곽지 과물 노천탕 남탕 내부 모습

비누와 샴푸

19세기 말 조선은 개화기에 접어들면서 근대적인 위생관이 나타나고 청결을 강조하면서 목욕에 대한 의식은 변화하기 시작하였다. 목욕이 일상적인 행위로 생활 속에 자리를 잡아가는 과정에서 목욕에 대한 인식은 단순히 몸을 깨끗이 하는 위생의 개념을 넘어서 아름다움까지 고려하는 미용적인 측면에 이르게 된다. 이에 따라 필수품으로 등장한 것이 비누이다. 당시에는 문화생활의 필수품으로 여기어져 널리 급속도로 이용되었다.

비누는 하멜에 의해 전래되었다는 설도 있으나 개화기 선교사인 리델을 통해 들어오게 된 것으로 알려져 있다. 비누가 처음 들어왔을 당시에는 비누에서 나는 향내를 맡고 그것이 떡인 줄 알고 먹고 나서 배탈이 난 사례도 있다고 선교사 리델은 일지에서 적고 있다.

조선시대에는 팥이나 녹두를 맷돌에 갈아 세정제로 사용하는 것이 일반적이었는데 일제강점기에 일본산 비누가 유입되면서 비누 사용이 증가하였다. 비누가 도입된 이후 세안용 비누로는 럭스, 다이얼 등의 미국산 화장비누가 주로 사용되었다. 그러나 한국전쟁 이후 애경유지공업회사가 인천에 공장을 설립하고 미향비누를 생산하며 국산 미용 비누가 보급되기 시작하였다. 그리고 1960년을 기점으로 락희유지가 비누 생산을 개시하고 애경유지가 영등포공장에 최신식 기계시설을 설치하여 미용비누계의 일대성황을 가져오게 되었다.

일반적으로 화장비누는 단단하고 거품이 잘 생겨야 좋은 것이라고 알려져 있는데 당시에도 화장비누는 단단하고 거품이 잘 생겨야 좋은 것이라고 일간신문에서 조차 선택기준을 제시하였다고 한다. 화장비누의 종류도 많아서 뽀뽀비누, 밍크비누, 코티천번비누, 실크비누, 크림비누, 벌꿀비누, 이쁜이비누, 바바나비누 등 다양한 국산비누가 있었다. 비싸지만 다이얼, 카메이, 럭스, 도브 등 미제 화장비누도 여성들의 화장비누로 애용되었다고 한다. 지금은 개인이 직접 만드는 수제비누를 비롯하여 다양한 화장비누가 제조·유통·사용되고 있지만 변하지 않는 비누의 선택기준은 단단하고 거품이 많이 나는 제품이라는 것에는 이견이 없는 것 같다.

비누에 이어 새롭게 등장한 목욕용품은 샴푸이다. 1960년대까지만 해도 주로 사용되는 목욕용품은 비누였으며, 세안에서부터 몸을 딱고 머리를 감는 것까지 비누를 사용하였다. 물론 샴푸는 일제강점기인 1930년대에도 판매되고 있었지만 비싼 가격 때문에 대중적으로 이용되지는 못하였다. 그러다가 1967년 락희유지가 크림샴푸를 개발하여 국산샴푸가 최초로 생산되기 시작하였고, 샴푸가 대중화되기 시작한 시기는 1970년대부터이다.

다양한 색깔과 종류의 화장비누

이후 1980년대부터는 샴푸와 함께 린스 또한 대중적으로 사용하는 목욕용품으로 자리잡게 되었다. 이후 린스는 컨디셔너라는 이름으로도 불리게 되었고, 머리를 부드럽게 해주는 목적으로 사용되고 있다. 그런데 지금은 린스에서 더 나아가 모발에 영양분까지 공급해 준다는 트리트먼트까지 사용하고 있으니 목욕용품의 진화는 끝없이 계속되고 있는 것 같다.

이태리타올

최근에는 목욕탕에 때밀이용 수건을 비치하는 곳이 많이 있으나, 지금도 목욕이나 샤워를 할 때 이태리타올을 사용하는 사람이 많다. 이태리타올은 때미는 도구의 대명사가 되어 있다. 나는 아직도 대중목욕탕을 가거나 온천을 할 때 이태리타올을 사용하는데 이것도 습관인 것 같다. 이태리타올로 그냥 피부를 때밀이하면 피부에 좋을 리가 없어서 나는 비누를 이태리타올에 묻혀 피부를 가볍게 미는데 나름대로 개운함을 느끼면서 피부도 보호할 수 있는 방법이라 생각한다.

이태리타올은 1962년 부산에서 한일직물이라는 직물공장을 운영하던 김필곤이라는 사람이 비스코스 레이온 소재를 꼬아서 만들었는데, 국내산 원단에 이탈리아산 실꼬는 기계인 연사기와 염료를 사용하였기 때문에 이름이 이태리타올이 되었다고 한다. 2001년 작고한 김필곤 사장은 원래 부산 수정동에서 놋그릇을 장사하던 사람이었으나 이태리타올을 개발한 뒤 생산과 판매로 큰돈을 벌었다고 한다. 이 발명품은 선풍적인 인기를 끌면서 특허청에 실용신안권 등록을 하였다고 하며, 1966년부터 1969년까지 목욕용 접찰장갑, 다중접찰포, 목욕장갑 등 총 9종의 목욕용품이 실용신안 출원 등록하였다. 이태리타올은 한국에서 특허를 이용하여 발명자가 큰 수

익을 낸 대표적인 성공사례 중의 하나이다.

목욕을 할 때 가족이나 친구와 함께 대중목욕탕을 가면 서로 등을 밀어줄 수 있지만 혼자 갈 때에는 등과 같이 손이 닿지 않는 부위도 있어 서로 모르는 사람에게 등을 맡겨야 하는 불편함이 발생하였다. 특히 세신비를 지불할 비용이 없는 사람의 경우 등을 밀어줄 사람을 찾지 못하여 곤란한 상황에 처할 수 밖에 없었다.

이와 같은 상황에서 자동으로 등을 밀어주는 등밀이 기계가 발명되었다. 부산의 손기정 씨가 고안하여 특허출원(80-18-27호)까지 마친 등밀이 기계는 모터로 반구(半球)형의 등밀이 구를 회전시켜 등의 때를 깨끗하게 밀도록 도안하였고, 부산광역시 사상구에 위치한 삼성기계공업사에서 1980년대 후반부터 자동 등밀이 기계를 제작하여 왔다. 이태리타올 뿐만 아니라 등밀이 기계까지 부산지역에서 발명한 것을 보면 동래, 해운대 등 온천이 발달한 부산지역 분들이 때밀이에도 큰 관심을 가졌던 것 같다.

다양한 형태의 이태리타올

자동 등밀이 기계

때밀이와 목욕관리사

대중목욕탕에서 손님들에게 때를 밀어주는 직업은 오늘날과 같은 형태의 목욕탕이 정착된 이후 생겨난 것이라고 하지만 언제부터 직업이 되었는지 정확한 기록은 없다. 목욕탕 이용객들은 서로 등을 밀어 주기도 했지만, 신체적으로 그렇게 할 수 없거나 개인적인 취향에 따라 등 밀어 주기를 싫어하는 손님들의 요구에 의하여 생겨난 직업이 아닌가 생각된다.

1970년대의 신문기사에서 때밀이 내용이 나오는 것을 보면 이때쯤 때밀이 라는 직업이 생긴 것으로 추정되며, 여탕보다는 남탕에서 먼저 직업적으로 때를 미는 문화가 시작된 것으로 보인다. 내가 대학을 졸업할 당시인 1980년대만 하더라도 정식 직업을 갖기 전에 목욕탕에서 탈의실 관리와 때밀이를 하며 본인의 용돈을 해결하는 젊은이들이 있었는데, 그 당시만 해도 때밀이는 정식 직업은 아니었던 것 같다.

'때밀이'라는 호칭은 1993년 통계청에서 표준직업을 개정하면서 직업용어의 순화 작업에 발맞추어 '목욕관리사', '욕실종사원' 등으로 바뀌었다. 목욕관리사는 일반적으로 대중목욕탕이나 사우나에서 신체의 각질을 밀어주거나 피부를 관리해 주는 사람을 칭하는데, 목욕관리사가 정식 명칭이지만 '세신사', '때밀이', 또는 일부 나이드신 분들은 아직도 일본어인 '나라시'(또는 '나가시')라고도 부른다. 요즘은 목욕관리사가 단순히 때만 밀어 주는 것이 아니라 지압, 안마 등을 프로그램에 넣어서 함께 서비스하는 경우가 많은데 직업의 부가가치를 높힌 것이 아닌가 생각된다.

목욕관리사는 때를 미는 법에 있어서는 전문가라고 할 수 있다. 따라서 일반 이용객들도 자기 스스로 몸의 때를 밀 경우에 참고할 만한 사항들이 있어 목욕관리사의 때 미는 법을 소개하면 다음과 같다. 아울러 목욕관리사가 말하는 건강하게 목욕하는 방법도 함께 소개한다.

때를 잘 미는 법

1. 온탕에서 15~20분 정도 몸을 잘 불리게 하고, 사우나에서 바로 나온 고객은 온수로 땀을 씻어낸 뒤 때를 민다.
2. 심장에 부담을 덜 주기 위하여 심장에서 먼 곳부터 때를 민다.
3. 근육의 기시점에서 착시점까지 근육 결에 따라 길게 민다.
4. 쇄골이나 갈비뼈, 전상장골극(골반뼈의 전면에 튀어나온 부분), 슬개골과 같이 뼈가 튀어나온 부분과 목, 겨드랑이, 사타구니 등 피부가 약한 부분은 피부에 상처가 나지 않도록 조심한다.
5. 이용객의 때를 밀고 난 뒤에는 온수 등을 이용하여 때를 털어낸다.
6. 마무리 비누칠 할 때도 근육을 잘 풀어준다.

건강하게 목욕하는 방법

1. 목욕 전 우유 또는 냉수를 한두 잔 마신다. 우유나 냉수를 목욕 전에 마시면 땀이 쉽게 많이 나와 노폐물 배출, 갈증 해소 등에 효과가 있어 목욕 후에 마시는 것에 비해 효과가 크다.

2. 물을 몸에 뿌린다. 심장에 무리가 가지 않도록 바가지로 먼저 약 35℃의 물로 심장에서 먼 발, 다리, 가슴, 머리의 순서로 약 5번 정도 뿌린 뒤 조금 차가운 저온의 25~28℃의 물로 같은 순서대로 뿌리거나 샤워기를 이용하여 미지근한 물로 발부터 시작해 몸 전체를 씻는다. 이렇게 하면 신체는 우선 목욕에 대한 준비를 하여 급격한 혈압상승이나 뇌빈혈 등을 예방할 수 있다.

3. 온탕에 몸을 담근다. 먼저 반신용 1분, 전신용 2분 신체를 담구어 신체 피부의 모공을 확대시키고 체온조절 기능을 준비한다. 급격한 혈압의 변화를 예방하기 위하여 반신욕, 전신욕 순서로 탕에 들어간다.

4. 사우나에 들어간다. 먼저 저온 건식, 습식, 고온 건식 순서로 이동한다. 눕거나 다리를 올린 자세로 약 5분 정도 땀을 낸 뒤 각각의 사우나실에서 나와 냉탕에 가서 바가지로 발부터 차례로 물을 뿌린다. 그 뒤 냉탕에 들어가 몸을 1~2분 정도 식힌다. 냉탕에서는 가만히 있지 말고 움직이는 것이 좋다.

5. 냉탕에서 나와 온탕에 발을 담근다. 그 뒤 휴식을 취한다. 냉탕에서 나온 뒤 몸 식히기 과정에서 경직된 신체를 이완시키는 과정으로 발만 온탕에 3~5분간 담근다. 다리 부분을 따뜻하게 하면 경직된 혈관이 다시 이완되면서 혈액순환이 정상적으로 돌아오게 된다.

6. 휴식 후 다시 온탕으로 들어가 다시 반신용 1분, 전신욕 2분 간 신체를 담근다. 그 뒤 냉탕에 가서 1분 간 몸을 담근 다음 열탕에 약 1분 간 들어간다. 냉탕은 냉온수 교차욕을 준비하는 과정이며, 열탕에 입수하면 뜨거운 온도로 신체의 화학작용이 빨라지고 모세관이 급격히 확장되며 심박수도 증가하게 된다. 그러므로 신체에 이상이 있는 경우에는 열탕을 피하는 것이 좋다. 특히 고혈압, 신장병 등 환자는 열탕 입수를 하지 않는 것이 좋다.

7. 열탕에서 나오면 사우나실을 나왔을 때와 마찬가지로 냉탕에 입수한다. 경우에 따라서 냉탕과 온탕을 번갈아가며 몸을 담근다. 열탕이 부담된다면 물을 맞는 등 다양한 요법을 즐긴 뒤 온탕에서 약 3분 간 휴식을 취한다.

8. 심장에서 먼 곳부터 아래서 위로 길게 미는 방법과 나선을 그리며 때를 민다. 그 뒤 비눗물로 거품을 내어 마사지 하듯이 부드럽게 몸 전체를 문지른 다음 미지근한 물로 비부거품을 깨끗이 씻어낸다. 20℃ 정도의 차가운 물로 샤워를 하거나 물로 끼얹어 피부에 탄력을 준다.

앞에서도 목욕하는 방법에 대해서는 설명을 하였으나 본인의 건강상태를 먼저 파악하고 체질에 맞게 상기 내용을 참고하여 목욕을 하는 것이 가장 쾌적하고 안전하게 목욕하는 방법이라 생각된다.

참고 문헌

- 《물은 답을 알고 있다》(에모토 마사루 저, 양억관 옮김, 나무심는사람)
- 《노화는 세포건조가 원인이다》(이시하라 유미 저, 윤혜림 옮김, 전나무숲)
- 《사계절 우리가족 건강여행》(이신화, 2012.7.4., (주)알에이치코리아)
- 《한국민족문화대백과》(한국학중앙연구원)
- 《한국지명유래집 충청편 지명》(2010.2., 국토지리정보원)
- 대한민국 구석구석 누리집(한국관광공사)
- 《죽기 전에 꼭 가봐야 할 국내 여행 1001》(2010.1.15., 마로니에북스)
- 리브레 위키사전
- 이금희 문제성피부연구소장 인터뷰 내용
- 부산근대역사관 동래온천자료집(2015)
- 《잠언 시집, 지금 알고 있는 걸 그때도 알았더라면》(류시화 엮음, 열림원)
- 《철학사전 2009》 (임석진 외 21인, 중원문화)
- 《강원도 동해안의 해양헬스케어 추진방향》(강원연구원 김충재, 박재형)
- 《소금》(박범신, 2013, 한겨레출판)
- 2022년 전국온천현황(행정안전부)
- 《목욕탕 : 목욕에 대한 한국의 생활문화》 (2019, 국립민속박물관)
- 〈옛 문헌을 통해 본 한국인의 목욕의식〉 (안옥희, 김학민, 김현지. 2004.)
- 《도시화와 서울 목욕문화의 변화 연구》 (권예슬, 이화여자대학교 동아시아학연구협동과정 석사학위 논문, 2018)
- 관련 지방자치단체 누리집
- 강화군 시설관리공단 누리집
- 해당 호텔 및 온천욕장 누리집
- 〈한겨레신문〉(2022.8.21.)

- 〈조선일보〉
- 〈문화일보〉
- 〈중앙일보〉(2004.12.10.)
- 〈조선닷컴〉(2018.12.)
- 〈국제신문〉(2019.1.19.)
- 〈국민일보〉(2015.7.31.)

지은이 소개

고 욱 성

문화체육관광부에서 30여 년 간 재직하며 지역문화, 문화예술, 관광, 체육, 종무 등 다양한 업무를 담당하였다. 공무원을 퇴직한 뒤에는 한국관광공사 상임감사, 강원연구원 초빙연구위원을 지냈다. 지금은 국가공무원인재개발원 정책기획 학습지도교수로 활동하면서 전국의 온천과 걷기 여행을 즐기며 살아가고 있다.

- 국가공무원인재개발원 정책기획 학습지도교수
- 강원연구원 초빙연구위원
- 한국관광공사 상임감사
- 문화체육관광부 지역문화정책관
- 국립중앙박물관 기획운영단장
- 문화체육관광부 재정담당관
- 문화체육관광부 인문정신문화과장
- 문화체육관광부 지역문화과장 등